ZHUBING
KUAISU ZHENZHI
SHICAO TUJIE

养殖致富攻略

U0394724

猪 病

快速诊治

实操图解

陈明勇　祖国红　何会时　齐志文　编著

中国农业出版社

图书在版编目（CIP）数据

猪病快速诊治实操图解/陈明勇等编著．—北京：
中国农业出版社，2018.3
　（养殖致富攻略）
　ISBN 978-7-109-23586-1

　Ⅰ.①猪…　Ⅱ.①陈…　Ⅲ.①猪病－诊疗－图谱
Ⅳ.①S858.28-64

中国版本图书馆 CIP 数据核字（2017）第 291285 号

中国农业出版社出版
（北京市朝阳区麦子店街 18 号楼）
（邮政编码 100125）
责任编辑　郭永立　周晓艳

北京万友印刷有限公司印刷　　新华书店北京发行所发行
2019 年 1 月第 1 版　　2019 年 1 月北京第 1 次印刷

开本：720mm×960mm 1/16　　印张：12
字数：190 千字
定价：36.00 元
（凡本版图书出现印刷、装订错误，请向出版社发行部调换）

前　言

　　随着我国养猪业规模化、集约化、工厂化的迅速发展，农户养猪已经形成小规模化或中规模化，猪品种引进和生猪流通更为频繁，这导致猪病的发生更为复杂，猪病的流行也出现许多新的特点，诊断和防治变得更加困难。为了帮助广大养猪专业户提高猪病诊断和防治水平，我们组织具有丰富疾病诊断和防治经验的专家编写了《猪病快速诊治实操图解》一书。该书将猪病系统发病特征分为七类疾病群，对具有相同或相似症状的疾病进行鉴别诊断，更加有利于养猪专业户和基层兽医技术人员现场诊断和防治。本书在编写过程中参阅了大量国内著作和论文，在此表示诚挚的谢意。

　　本书力求体现"养殖致富攻略"的要求和特点，便于养猪专业户阅读和使用。但由于作者水平有限，成书仓促，出现错误和不妥之处，敬请读者批评指正，以便修正提高。

编　者

2017 年 12 月

目 录

前言

一、猪病基础知识 …………………………………………… 1

（一）疾病的分类 …………………………………………… 1

（二）传染病的概念 ………………………………………… 2

（三）传染病的发生和流行 ………………………………… 2

（四）传染病的流行特点 …………………………………… 3

（五）传染病的发展阶段 …………………………………… 3

（六）控制传染病的发生和流行 …………………………… 3

（七）发生传染病后的应急处理措施 ……………………… 4

（八）猪传染病的治疗方法 ………………………………… 5

二、猪场生物防控体系 ……………………………………… 6

（一）猪场场址的选择 ……………………………………… 6

（二）猪场布局 ……………………………………………… 7

（三）饲养管理基本原则 …………………………………… 8

（四）猪场防疫基本原则 …………………………………… 8

（五）猪场卫生 ……………………………………………… 9

（六）猪场消毒 …………………………………………… 11

（七）猪场驱虫与除虫 …………………………………… 13

（八）猪病免疫接种技术 ………………………………… 14

三、猪病常用药物与合理用药 …………………………… 26

（一）猪病常用药物 ……………………………………… 26

（二）病猪给药方法 ……………………………………… 40

（三）猪病防治药物的合理应用 ·············· 43

四、猪重大传染病的防控 ·············· 46

（一）口蹄疫 ·············· 46

（二）猪瘟 ·············· 49

（三）猪繁殖与呼吸综合征（高致病性猪蓝耳病） ·············· 56

（四）猪水疱病 ·············· 60

（五）非洲猪瘟 ·············· 62

五、母猪繁殖障碍性疾病的防治 ·············· 64

（一）猪伪狂犬病 ·············· 64

（二）猪细小病毒病 ·············· 68

（三）日本乙型脑炎 ·············· 70

（四）猪布鲁氏菌病 ·············· 72

（五）猪衣原体病 ·············· 76

（六）猪钩端螺旋体病 ·············· 77

（七）猪弓形虫病 ·············· 79

六、猪呼吸障碍性疾病的防治 ·············· 83

（一）猪肺疫 ·············· 83

（二）猪气喘病 ·············· 87

（三）猪传染性胸膜肺炎 ·············· 89

（四）猪传染性萎缩性鼻炎 ·············· 92

（五）副猪嗜血杆菌病 ·············· 95

（六）猪流行性感冒 ·············· 97

七、猪腹泻性疾病的防治 ·············· 101

（一）猪传染性胃肠炎 ·············· 101

（二）猪流行性腹泻 ·············· 104

（三）猪轮状病毒病 ·············· 106

（四）猪沙门氏菌病 ·············· 107

（五）猪痢疾 ·············· 110

（六）仔猪黄痢 ……………………………………………… 113
（七）仔猪白痢 ……………………………………………… 115
（八）猪梭菌性肠炎 ………………………………………… 117
（九）猪空肠弯曲杆菌病 …………………………………… 120
（十）猪蛔虫病 ……………………………………………… 121

八、猪神经障碍性疾病的防治 …………………………………… 124

（一）猪狂犬病 ……………………………………………… 124
（二）猪脑心肌炎 …………………………………………… 125
（三）猪血凝性脑脊髓炎 …………………………………… 126
（四）猪破伤风 ……………………………………………… 128
（五）猪水肿病 ……………………………………………… 130
（六）猪李氏杆菌病 ………………………………………… 132
（七）猪食盐中毒 …………………………………………… 134

九、猪多系统综合征的防治 ……………………………………… 136

（一）猪圆环病毒感染 ……………………………………… 136
（二）猪肠病毒感染 ………………………………………… 138
（三）猪丹毒 ………………………………………………… 139
（四）猪链球菌病 …………………………………………… 144
（五）猪炭疽 ………………………………………………… 148
（六）猪结核病 ……………………………………………… 150
（七）猪坏死杆菌病 ………………………………………… 152
（八）猪附红细胞体病 ……………………………………… 154

十、猪皮肤黏膜疾病的防治 ……………………………………… 157

（一）猪水疱疹 ……………………………………………… 157
（二）猪水疱性口炎 ………………………………………… 158
（三）猪痘 …………………………………………………… 159
（四）猪疥螨病 ……………………………………………… 161
（五）猪虱病 ………………………………………………… 162

十一、猪常见其他疾病的防治 ································ 165

    （一）猪旋毛虫病 ···································· 165

    （二）猪肺线虫病 ···································· 167

    （三）猪囊尾蚴病 ···································· 169

    （四）猪细颈囊尾蚴病 ································ 171

    （五）新生仔猪溶血病 ································ 172

    （六）新生仔猪低血糖症 ······························ 173

    （七）猪亚硝酸盐中毒 ································ 174

    （八）猪氢氰酸中毒 ·································· 176

    （九）猪黄曲霉毒素中毒 ······························ 177

    （十）猪赤霉菌毒素中毒 ······························ 179

    （十一）猪铜中毒 ···································· 180

参考文献 ··· 183

一、猪病基础知识

目标
- 了解传染病的基本概念、基本类型和发生传染病的应急处理措施
- 熟悉猪传染病流行的基本环节和流行特点
- 掌握猪传染病的综合防制措施和治疗原则

①在致病因素的作用下，患病动物的组织、器官的形态结构和生理机能发生紊乱，从而在临床上呈现一些异常的表现，这些异常的表现称之为症状。

疾病由病原微生物、机械性损伤、过热、过冷和营养不良等引起，具有一定的临床症状①，并表现为生产能力下降及经济价值降低。猪患病是致病因素和猪抗病能力互相斗争的结果。

（一）疾病的分类

见表 1-1。

表 1-1　疾病的分类

分　　类	最急性型	急性型	亚急性型	慢性型
病程	数小时	数小时至数天	数周	数月
临床症状	无明显症状	明显	明显	不明显
病理变化	不显著	显著	显著	不显著
结果	突然死亡	治疗后痊愈	治疗后痊愈	进行性消瘦
举例	最急性猪丹毒	急性猪瘟	疹块型猪丹毒	猪结核病

从养猪生产的角度来说，猪病可以分为两大类：一类是可以互相传染的，包括传染病和寄生虫病，又称为流行病；另一类是不会互相传染的，叫普通病，包括内科病、外科病、产科病、中毒病及代谢性疾病等。

下面主要介绍传染性疾病的相关知识。

（二）传染病的概念

由病毒、细菌、支原体、真菌等病原微生物引起，表现一定的潜伏期[①]和临床症状，并具有传染性的疾病称为传染病。传染病和普通病最大的不同是具有传染性，也就是猪群发生传染病以后，开始可能出现少数病猪，随着时间的延长，猪群中会有越来越多的病猪出现，甚至整个猪群都发病，如猪瘟侵入健康易感猪，引起发热、出血等临床症状，并不断地传染给其他健康猪，发生相同症状的疾病。如果发生的是普通病，一般只有个别病猪出现。

（三）传染病的发生和流行

病原微生物侵入动物机体，在其一定部位定居、生长、繁殖，导致动物机体产生一系列病理反应，这个过程叫做传染。传染病的发生和流行必须具备三个基本环节，即传染源[②]、传播途径[③]和易感动物群（图1-1）。

① 由病原体侵入机体繁殖开始，到疾病的临床症状开始出现的一段时间称为潜伏期。

② 指病原体能在其中繁殖并被排出体外的动物机体（猪群）和其他生物媒体（昆虫、鼠）。

③ 指病原体从某一传染源到另一易感动物所经过的途径和方式。

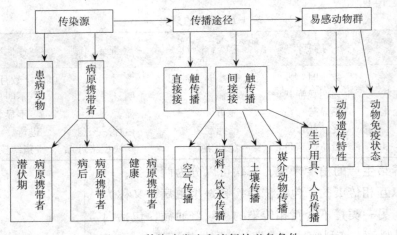

图1-1 传染病发生和流行的必备条件

（四）传染病的流行特点

根据在一定时间内发病率的高低和传播范围大小，可将传染病分为以下四种流行形式（表1-2）。

表 1-2　传染病的流行特点

流行形式	散发性	地方性流行	流行性①	大流行性
发病数量	零星病例	较多	多	众多
传播范围	个别地区	局部地区	较大范围和地区	非常广泛地区
举例	破伤风	猪肺疫	猪瘟	口蹄疫、猪流感

①指某种猪传染病发生的程度已超过预料的异常水平。

（五）传染病的发展阶段

见表1-3。

表 1-3　传染病的发生发展阶段

发展阶段	潜伏期	前驱期	发病期	转归期
发病经过	从病原侵入至症状开始	从临诊症状开始至特征性症状	特征性症状逐步表现	
临床表现	无	临诊症状表现，特征症状不明显	特征性症状明显	症状逐渐消退或加重
转　归	进入前驱期	进入发病期	进入转归期	恢复健康或死亡

（六）控制传染病的发生和流行

传染源、传播途径和易感动物是传染病流行的三个基本环节。因此，为了预防和扑灭传染病，应针对上述三个环节采取综合防制措施，这样才能取得较好的效果（图1-2）。

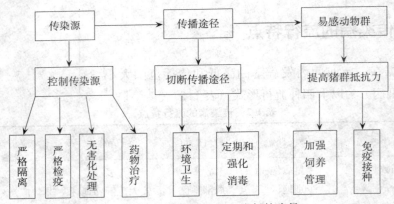

图 1-2 控制传染病发生和流行的途径

（七）发生传染病后的应急处理措施

猪场应该做好传染病发生以后的处理措施，以便在疾病发生时，更好地控制病情，减少猪场的经济损失。

（1）及时发现和诊断 猪场兽医技术人员应每日到猪舍仔细观察猪群的饮食和精神状态，及时发现病猪，尽快做出诊断。怀疑是传染病时，应送实验室化验，以便更好地制定防治措施。如果确诊为烈性传染病，如口蹄疫时，应立即上报疫情，并通知邻近猪场做好预防工作。

（2）隔离①和封锁 及时隔离病猪和可感染猪，防止和减少疾病传播给健康猪。当发现新的传染病或口蹄疫等急性、烈性传染病时，应立即向当地兽医主管部门报告，由兽医主管部门划定疫区和疫点范围，对猪场进行封锁。限制猪场人员和猪的流动及贸易，直至疫情平息、无新病例出现、大消毒后方可解除封锁。

（3）强化消毒② 疫情发生以后，应以发病猪舍为重点，对所有可能污染的物品、器具、圈舍、过道等进行紧急消毒。严重病猪和死猪尸体经过无害化处理（如煮

①指将猪群控制在一个有利于防疫和生产管理的范围内进行饲养的方法。

②指采用物理、化学、生物学手段杀灭和减少生产环境中病原体的一种技术措施。

沸）后留作他用，或将其焚烧和深埋。

（4）预防和治疗 病猪确诊之后，应立即采取有效的预防和治疗措施，迅速控制和扑灭疫情。对有疫苗可以使用的传染病，应用疫苗对假定健康猪进行紧急预防接种，同时采取有效措施治疗病猪。

（八）猪传染病的治疗方法

猪场发生传染病以后，应积极采取治疗措施。在治疗方法上，采取综合性防治方案。既要考虑针对病原体，消除其致病作用；又要根据病猪的临床症状，采用药物缓解症状，帮助病猪增强抵抗力，调整和恢复生理机能。治疗必须及早进行，不能拖延时间，以免造成更大的损失。

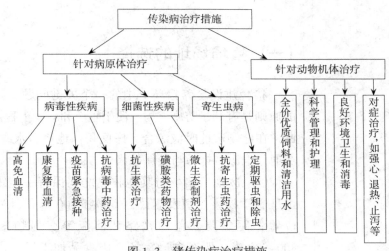

图 1-3　猪传染病治疗措施

二、猪场生物防控体系

目标
- 了解猪场场址的选择原则和猪场布局原则
- 熟悉猪场饲养管理、猪场防疫和卫生的基本原则
- 掌握猪场消毒基本方法、消毒程序以及猪场驱虫基本方法
- 掌握猪病免疫接种技术

（一）猪场场址的选择

猪舍建设是养猪环节中的一个关键问题，猪场选址的原则是有利于防疫灭病，便于生产和减少工程投资。因此，在建场选址时应综合考虑面积、地势、水源、防疫、交通、电源、排污与环保等诸多方面。

（1）防疫　猪场与其他牧场之间保持一定距离。距工厂、学校、村镇及居民区 500~1 000 米，且处于下风位置；距主要公路、铁路和河流等交通频繁的地方 300~500 米；距畜禽屠宰场、肉食品加工厂、皮毛加工厂 2 000 米以上，并位于上风位置。

（2）面积与地势　充分考虑生产区、管理区和生活区，并留有余地，计划建场所需占地面积，应选择地势干燥、避风、向阳、安静和排水方便的地方。

（3）交通 既要避开交通主干道，又要交通方便。

（4）供电 距电源近，节省输变电开支。供电稳定，少停电。

（5）水源 水源要充足，包括人畜用水。水质要符合国家饮用水标准。

（6）场地 土质应坚实，渗水性强，未被病原微生物污染过。选择场址最理想的土质是沙壤土，应尽量避免在其他养殖场基础上改建养猪场。

（7）排污与环保 猪场周围有农田、果园或苗圃时，可以将粪便经过生物热处理①后，用作有机肥料，就地消耗大部分或全部粪水。如果不能就地使用，应根据实际情况对猪场的排污处理和环境保护进行科学、合理的规划，以保证污水不污染地下水和地上水。严禁将污水直接排入河流。

①对养猪生产中产生的粪便、污水、垃圾等采用堆积发酵法，利用发酵过程所产生的热量杀灭其中病原体的一种消毒措施。

（二）猪场布局

在进行猪场规划和安排建筑物布局时，应将近期规划与长远规划相结合，因地制宜，合理利用现有条件，在保证生产需要的前提下，尽量做到节约占地，并做好猪场粪便和污水处理。根据以上原则，一般将猪场分为管理区、生产区和隔离区。各区之间的距离不少于 30 米，并设有防疫隔离带或隔离墙。各区按全年主风向及地势由上而下的顺序排列为：管理区→生产区→隔离区。

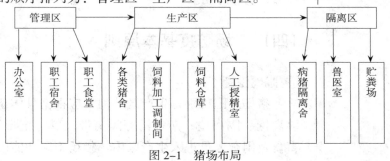

图 2-1 猪场布局

(三) 饲养管理基本原则

(1) 供给全价、优质、新鲜的饲料 猪场要根据猪不同生长发育阶段，给猪饲喂专门的足量全价饲料，以增强猪的体质，提高抗病能力。切忌饲喂发霉变质的饲料。

(2) 供给充足的清洁饮水 猪每天都需要大量饮水，尤其是在高温、炎热季节。由于猪对水的需要因饲料的性质、气候条件不同而变化，因此建造自动给水装置较为理想。考虑到通过饮水投药的需要，可以建造小型水塔或水缸。

(3) 提供适宜的环境温度 新生哺乳仔猪的组织器官和机能都未发育完全，体温调节功能不健全，皮下脂肪层很薄，被毛稀少而短、无绒毛，因此保持适当的环境温度对于新生仔猪尤其重要。不同日龄的猪，对温度的需要不一样，如 7 日龄以内所需温度为 33~35℃，7 日龄为 32℃，28 日龄为 25℃，45 日龄为 21℃，70 日龄为 19℃，90~180 日龄为 10~18℃。

(4) 良好的通风与适当的饲养密度 猪舍要求有流动的新鲜空气，并保持合理的饲养密度，否则会造成通风不良，导致猪呼吸道传染病的发生和流行，如气喘病、猪肺疫等。饲养密度过大容易造成猪相互挤压、抢食和斗殴，引起外伤。

(四) 猪场防疫基本原则

▶ 隔离设施

猪场外围特别是生产区外围，应根据具体条件建立隔离网、隔离墙、防疫沟等隔离带，以防止野生动物、畜禽及闲杂人员进入生产区内。猪场不同功能区之间要用围墙或绿化带隔离。生产区应设置一个专供生产人员及车辆进出的大门、一个供装卸猪只的装猪台；应专设一个粪便收集和外运系统，与清洁走道分开；病猪隔离治疗舍、引进种猪的隔离检疫舍、尸体剖检及处理室等设施应设在生产区下风向处；有条件的应在猪舍内安装防鸟、防鼠设备等。

▶ 全进全出生产模式

对于不同生产阶段的猪群，应分批次安排保育猪、育肥猪、后备猪和基础母猪的生产，即做到全进全出①，使猪舍中不同批次的猪在生产时间上拉开距离，以便进行空舍、隔离和消毒，有效地消灭传染源和环境中的病原微生物，切断疾病传播途径，减少疾病的发生和传播。

▶ 隔离制度

主要包括以下几个方面：

（1）工作人员进入生产区，要经过淋浴或消毒，更换消毒过的防疫服和鞋帽。

（2）生产区原则上谢绝参观，必须进入时要经过场长和兽医批准，更换衣服、鞋帽，消毒以后方可进入。外来车辆进入场内，要进行全面消毒。

（3）猪场内严禁宰杀生猪和解剖病猪、死猪，更不得将场外畜禽及产品带入场内。

（4）猪场原则上坚持自繁自养，必须引进种猪时，应根据引种猪场所在地区猪病的流行情况，对猪进行严格检疫，确保猪健康后方可购买。引进的新猪，必须在隔离场（舍）中单独饲养2~4周，确定健康以后，方可进入生产区内饲养。

（五）猪场卫生

▶ 环境卫生

猪场管理人员要重视猪场内外的环境卫生。安排人

① 指猪场中同一批次猪在同一时间进入猪舍，并在同一时间转移到下一生产阶段的猪舍中或进入市场销售的技术手段。

员及时清除猪舍和猪场内的垃圾和污物，做到不积粪、不积尿。猪场的污物最好是由专门的处理场所进行妥善处理，粪便最好是经过生物热发酵后进行施肥。

▶ 杀虫

猪场的有害昆虫主要是蚊、蝇等节肢动物。常用的杀灭方法包括物理学方法、化学方法和生物学方法。

物理学方法包括捕捉、拍打、黏附等，但最有价值的是电子灭蚊灯。

化学方法是使用化学杀虫剂在猪舍内外和蚊蝇容易滋生的场所喷洒，以杀灭蚊蝇。在蚊蝇活动季节每月喷洒2~3次，可取得较好的效果。常用的杀虫剂见表2-1。

表2-1　常用杀虫剂和使用方法

（陈焕春．规模化猪场疫病控制与净化．2000）

类　　别	化学名	商品名	使用浓度	使用方法
拟除虫菊酯类	溴氰菊酯	兽用倍特	25毫克/升	喷洒
	氯氰菊酯	灭百可	2.5%	喷洒
	氰戊菊酯	速灭杀丁	10~40毫克/升	喷洒
有机磷类	敌百虫		1%~3%	喷洒
	敌敌畏		0.1毫升/米²	喷洒
	二嗪农	新农、螨净	1:1000	喷洒
	倍硫磷	百治屠	0.25%	喷洒
脒类和氨基甲酸酯类	双甲脒	特敌克	0.05%	喷洒
	甲奈威	西维因	2克/米²	喷洒
	残杀威		2克/米²	喷洒
新型杀虫剂		加强蝇必净	2.5克/米²	涂抹在13厘米×10厘米大小的10~30个点上溶解后浇灌于粪便表层
		蝇蛆净	1克/米²	

生物学方法是通过环境卫生的控制，使蚊蝇失去繁育的场所和条件，而达到减少和杀灭的目的。如保持猪舍的良好通风，经常清除猪舍和排粪沟内的粪尿、饲料

残屑和垃圾，割除场区内的杂草、填埋积水坑洼，保持排水、排污系统的顺畅，粪污及时清理出场等。

> ## 灭鼠

猪场最为常用的灭鼠方法是使用灭鼠药。一般投放药物以后，在一段时间内应及时收集鼠的尸体，以防止猪只中毒。最好是在投放灭鼠药之前，预备一些特效解毒药物，以备猪中毒后使用。常用灭鼠药物和使用方法见表2-2。

表 2-2　常用杀鼠剂和使用方法
（陈焕春．规模化猪场疫病控制与净化．2000）

药物名称	使用浓度	使用方法	人畜中毒后的解毒药
磷化锌（耗鼠尽）	1∶20	拌饵料投布	对症治疗
甘氟	2%	拌饵料投布	乙酰胺
大隆（溴联苯杀鼠迷）	0.005%	拌饵料投布	维生素 K_1
杀鼠迷（立克命）	0.037 5%	拌饵料投布	维生素 K_1
溴敌隆	0.5%	拌饵料投布	维生素 K_1
氯敌鼠	0.1%	拌饵料投布	维生素 K_1
敌鼠钠	0.1%	拌饵料投布	维生素 K_1
杀鼠隆	0.005%	拌饵料投布	维生素 K_1
毒鼠磷	0.4%	拌饵料投布	阿托品解磷定
安妥	1%～3%	拌饵料投布	对症治疗

（六）猪场消毒

> ## 消毒分类

猪场消毒包括日常消毒、紧急消毒和终末消毒。

（1）日常消毒　也称预防性消毒，是根据生产的需要采用各种消毒方法在生产区和猪群中进行的消毒。主要有：定期对猪栏猪舍、道路、猪群的消毒；定期向消毒池内投放消毒剂；临产前对产房、产栏及临产母猪的消毒；仔猪断奶、剪耳号、断尾、阉割时的术部消毒；人员、车辆出入栏舍、生产区时的消毒；饲料、饮用水乃至空气的消毒；医疗器械，如体温表、注射器、针头等的消毒。

（2）**紧急消毒** 也称强化消毒，是猪群中发生疫病时，立即对其所在栏舍和猪场可能造成污染的地方进行严格、频繁、密度更大的消毒，包括对发病或死亡猪只的消毒及无害化处理。紧急消毒时应根据发生疫病的种类，选择对病原体敏感的消毒药物，才能取得较好的消毒效果。

（3）**终末消毒** 也称大消毒，是采用多种消毒方法对全场或部分猪舍进行全面彻底的清理与消毒。主要用于全进全出生产模式中，当猪群全部从猪舍中转出或销售后；或在发生烈性传染病的流行初期和在疫病流行平息后，准备解除封锁前，对空猪舍或发病猪场进行消毒。

> **消毒方法**

猪场常用的消毒方法有物理消毒法、化学消毒法和生物消毒法三类，每一种类中包括许多不同的方法。常用的消毒方法和用途见表2-3。

表2-3 常用消毒方法和用途

种 类	方 法	用 途
物理消毒法	机械性清扫洗刷	猪舍墙壁、地面、顶棚，猪场场区，出入车辆，各种器械和用具消毒
	火焰灼烧	猪舍墙壁、地面、猪床、猪栏、铁质用具消毒
	高压、焚烧	病死猪尸体、胎盘、胎衣及被烈性传染病病原污染的物品消毒与灭菌
	高压、煮沸	医疗器械，如针头、注射器、刀、剪和废弃的活毒疫苗瓶、污染的衣物等消毒与灭菌
	紫外线照射	人员、衣物消毒
	日光照射和干燥、通风	猪舍、猪场场区消毒
化学消毒法	消毒剂喷洒	猪舍墙壁、地面、顶棚，猪场场区，出入车辆，各种器械和用具消毒
	消毒剂浸泡	手、鞋、轮胎、衣物、各种器械等消毒
	消毒剂铺撒	场区道路、污染区和猪舍走廊、过道等消毒
	熏蒸	空猪舍、隔离室、解剖室及物品、器械消毒
生物消毒法	堆积发酵、沉淀池发酵、沼气池发酵	粪便及污物消毒，病、死猪尸体（尸体坑）消毒

消毒设施和设备

消毒设施主要包括猪场大门和生产区入口的大型消毒池，人员更衣室、消毒室和消毒池，猪舍出入口小型消毒池，消毒处理病死猪尸体的尸体坑和粪污消毒处理的堆积发酵场、发酵池等。常用的消毒设备有高压清洗机、喷雾器、高压灭菌器、火焰消毒器、煮沸消毒器等。

消毒程序

消毒程序①应根据猪场的生产方式、存在的主要疫病、消毒剂和消毒设备的种类等因素，因地制宜地制定。如日常消毒方案：猪场场区、生产区每天清扫，每半个月消毒一次，使用0.3%次氯酸钠喷雾消毒；出入场区、生产区和猪舍等人员、车辆和工具随时消毒；猪舍每天清扫，带猪消毒，每周1~2次。

引进新猪之前，空猪舍应进行严格的终末消毒。消毒流程是：清扫 – 高压水冲洗 – 喷洒消毒药 – 清洗 – 熏蒸 – 干燥（或火焰消毒）– 喷洒消毒剂 – 转进猪群。

（七）猪场驱虫与除虫

在养猪生产中，寄生虫病对养猪生产的影响越来越大。猪场在防控寄生虫病时，要做好两个方面的工作：一是病猪的驱虫，二是外界环境的除虫。

驱虫

驱虫是将病猪身体内（或身体上）的寄生虫杀灭或驱出体外的措施。猪场的驱虫工作，应在对本场猪群中寄生虫病流行状况调查的基础上，选择最佳的驱虫药物、适宜的驱虫时间，制定周密的驱虫计划，按计划有步骤地进行。常用驱虫药物和使用方法见表2-4。

①根据消毒的种类、方法、对象、传染病流行的规律，将多种消毒方法科学合理地加以组合而进行的消毒过程。

表 2-4　常用驱虫药物和使用方法

（陈焕春．规模化猪场疫病控制与净化．2000）

药物名称	制　剂	使用方法	使用剂量	备　注
左旋咪唑	针剂 片粉剂	肌内注射 口服	8 毫克/千克 8 毫克/千克	对肠道线虫有效，对鞭毛虫无效
兽用精制敌百虫	结晶粉末	口服 喷洒	0.1～0.12 克/千克 1%～2%	对肠道线虫有效 外用，对疥螨有杀灭作用
1%伊维菌素 （阿维菌素）	针剂 片粉剂	肌内注射 口服	30 微克/3 千克 33 微克/千克	可同时驱杀肠道线虫及疥螨
增效磺胺制剂	针剂 片粉剂	肌内注射 口服	20～25 毫克/千克 30 毫克/千克	可用于防治猪球虫病、弓形虫病
盐酸氯苯胍	粉片剂	口服	12～24 毫克/千克	对球虫及弓形虫有效

▶ 除虫

　　驱虫时除了将寄生虫驱除出猪体外，还要注意收集病猪的排泄物并进行无害化处理，保护外界环境不受污染，避免猪群重复感染和发病。因此，除虫是减少猪群重复感染或预防寄生虫感染的重要措施之一。但要注意几个方面：应及时清除猪舍内的粪便，同时对猪舍和运动场进行消毒；猪的粪便和垫草堆积发酵或挖坑沤肥；在饲养管理上，要有专门的产仔间，进猪前应严格消毒；怀孕母猪在进入产房前要驱虫，临产前要彻底洗净全身；小猪要有专门猪舍；饮水、饲料要清洁；猪舍地面应有一定坡度，以防积水。

（八）猪病免疫接种技术

▶ 免疫接种分类

　　免疫接种①分为预防接种和紧急接种，是防治猪传染病的重要措施之一。

　　（1）预防接种　是指为了防止传染病的发生与流行，定期有计划地给健康猪群进行免疫接种。预防接种通常

①指使用疫苗、菌苗等各种生物制剂，激发猪体产生特异性抵抗力的一种手段。

采用疫苗、菌苗、类毒素等生物制品，使猪群产生自动免疫。接种后经过 7~21 天，猪群可获得数月甚至 1 年以上的免疫力。

（2）紧急接种　是指为了迅速扑灭疾病的流行而对尚未发病的猪群进行的临时性免疫接种。紧急接种使用免疫血清较为安全，且立即生效，但血清价格高、用量大、免疫保护期短，在养猪生产中很少使用，多数还是采用疫（菌）苗。紧急接种一般用于发生传染病的疫区及其周围受疫病威胁的地区。

▶ 免疫接种方法

（1）皮下注射法　注射部位多在耳根皮下，也可在颈部两侧或股内侧皮肤较松弛的部位。先剪毛，然后用酒精或碘酊消毒，最后注入疫苗。但油类疫苗一般不做皮下注射。

（2）肌内注射法　注射部位多在臀部、股部或颈部肌内丰满的部位。先剪毛，然后用酒精或碘酊消毒，最后将针头直刺入肌内，注入疫苗，如注射猪瘟、猪丹毒、猪肺疫三联冻干弱毒苗。

（3）皮肤刺种法　猪痘弱毒疫苗常用此法接种，选定皮肤无血管处，用刺种针或钢笔尖蘸取疫苗刺入即可。

（4）滴鼻接种法　滴鼻接种属于黏膜免疫的一种。目前使用比较广泛的是猪伪狂犬病基因缺失疫苗滴鼻接种。

（5）口服接种法　将疫（菌）苗混于饲料或饮水，或抹于母猪的乳头上让仔猪经口服下，达到接种目的。必须注意，大小动物要分开喂，使其能均匀吃到含疫（菌）苗的饲料，如猪肺疫弱毒菌苗。饮水免疫先停水 4 小时左右，再饮水免疫接种，注意不能用含有消毒药物的水稀释疫（菌）苗。

▶ 疫（菌）苗的分类

疫苗和菌苗是指使用病原微生物（病毒、细菌）自身组织结构或成分，人工加工处理后，除去或减弱其致病作用而制成的生物制剂。用细菌制成的制剂称为菌苗，用病毒制成的制剂称为疫苗。

猪常用的疫（菌）苗分为活疫（菌）苗和灭活疫（菌）苗两大类。活疫（菌）苗是用人工定向变异的方法培育出的具有良好抗原性的弱毒或无毒的毒（菌）株，不经过灭活制备而成的一类生物制品。真空冻干苗及湿苗都是活苗，如猪瘟兔化弱毒疫苗、猪伪狂犬病基因缺失疫苗等。灭活疫（菌）苗是用化学药物或其他方法将病毒或细菌杀死，除去其致病性，保存其抗原性而制成的生物制品。加氢氧化铝的灭活苗和加油佐剂的灭活苗都是灭活的死苗，如口蹄疫灭活疫苗、猪蓝耳病灭活疫苗。猪常用疫（菌）苗及其使用方法见表2-5。

表 2-5 猪常用疫（菌）苗一览表

疫苗名称	预防疫病	种 类	用法与用量	免疫日龄	免疫期
猪瘟兔化弱毒冻干疫苗	猪瘟	弱毒	肌内注射，1~4头份	20、60日龄2次	1年
抗猪瘟血清	猪瘟	高免血清	皮下、静脉注射，1~4头份	紧急预防/治疗	14天
猪丹毒氢氧化铝甲醛菌苗	猪丹毒	灭活	皮下、肌内注射，1头份	断乳后	半年
猪肺疫弱毒活菌苗	猪肺疫	弱毒	皮下、肌内注射，1头份	断乳后	半年
猪肺疫 EO-630弱毒菌苗	猪肺疫	弱毒	皮下、肌内注射，1头份	断乳后	半年
猪肺疫氢氧化铝菌苗	猪肺疫	灭活	皮下、肌内注射，1头份	断乳后	半年
猪丹毒 GC42弱毒菌苗	猪丹毒	弱毒	口服、皮下注射，1头份	大小猪	半年
猪丹毒 G_4T_{10}弱毒菌苗	猪丹毒	弱毒	皮下、肌内注射，1头份	断乳后	半年
仔猪副伤寒弱毒冻干活菌苗	猪副伤寒	弱毒	口服、肌内注射，1头份	30日龄1次	9个月

（续）

疫苗名称	预防疫病	种 类	用法与用量	免疫日龄	免疫期
猪丹毒、猪肺疫氢氧化铝二联菌苗	猪丹毒、猪肺疫	灭活	皮下、肌内注射，3头份	断乳后1次或2次	半年
猪瘟、猪丹毒、猪肺疫弱毒三联冻干苗	猪瘟、猪丹毒、猪肺疫	弱毒	皮下、肌内注射，1头份	断乳前后2次	猪瘟1年，其他半年
布鲁氏菌猪型2号弱毒菌苗	猪布鲁氏菌病	弱毒	口服、皮下注射，1头份	发病区	1年
第二代K88ac-LTB双价基因工程菌苗	猪大肠杆菌病	活苗	口服，1～4头份	怀孕母猪	初乳1周
猪链球菌氢氧化铝菌苗	猪链球菌病	活苗	皮下、肌内注射，3头份	断乳后	半年
仔猪红痢灭活菌苗	仔猪红痢	灭活	皮下、肌内注射，1头份	孕猪分娩前15天2次	保护仔猪
猪水疱病细胞弱毒苗	猪水疱病	弱毒	肌内注射，2头份	发病区	半年
猪细小病毒病灭活疫苗	猪细小病毒病	灭活	皮下、肌内注射，1头份	初产猪配种前	半年
精制破伤风抗毒素	破伤风	毒素	皮下、肌内注射，1头份	紧急预防和治疗	1～2周
抗炭疽血清	炭疽	血清	皮下注射，10～20头份	紧急预防和治疗	1～2周
猪口蹄疫BEI灭活疫苗	猪口蹄疫	灭活	皮下、肌内注射，2头份	间隔2周2次	4个月
炭疽Ⅱ号芽孢苗	猪炭疽	弱毒	皮下、肌内注射，1头份	发病区	1年
无毒炭疽芽孢苗	猪炭疽	弱毒	皮下、肌内注射，0.5头份	发病区	1年

（续）

疫苗名称	预防疫病	种　类	用法与用量	免疫日龄	免疫期
抗猪肺疫血清	猪肺疫	高免血清	皮下、静脉注射，20～40 毫升	紧急预防/治疗	14 天
抗猪丹毒血清	猪丹毒	高免血清	皮下、静脉注射，20～40 毫升	紧急预防/治疗	14 天
猪气喘病弱毒冻干活菌苗	猪气喘病	弱毒	胸腔注射，4 毫升	紧急预防	1 年
猪乙型脑炎弱毒冻干活疫苗	猪乙型脑炎	弱毒	皮下、肌内注射，1 头份	每年 4 月	1 年
伪狂犬病弱毒疫苗	伪狂犬病	弱毒	皮下、肌内注射，1 头份		1 年
伪狂犬病灭活疫苗	伪狂犬病	灭活	皮下、肌内注射，3 毫升	配种前、产前1 个月 2 次	3 个月
猪传染性萎缩性鼻炎灭活疫苗	传染性萎缩性鼻炎	灭活	皮下、肌内注射，3 毫升/仔猪	配种前、产前2 次，1 毫升	3 个月
猪传染性胸膜肺炎灭活油佐剂疫苗	传染性胸膜肺炎	灭活	皮下、肌内注射，2～4 毫升	2～3 月龄仔猪间隔 2 周 2 次	3 个月

▶ 疫（菌）苗运输和保存

疫（菌）苗的运输、保存，应严格按照说明书的要求进行。

运输活疫（菌）苗时，应将活疫（菌）苗装入有冰的广口保温瓶中，避免日晒。夏季高温季节运输灭活疫（菌）苗时，要使用冷藏箱。

一般活疫（菌）苗保存在 –15℃以下，0℃以上不宜长期保存。真空冻干活疫苗在 –15℃以下可保存 2 年。

灭活疫（菌）苗最适宜的保存温度是 2~8℃，一般为 1 年，疫（菌）苗保存时间不得超过该制品所规定的有效保存期。

免疫程序制定

制定免疫程序①时，应根据猪病在本地区及附近地区的发生和流行情况、抗体水平、疫病种类、生产需要、饲养管理方式、疫苗种类与性质、免疫途径，以及养猪用途（种用、肉用）、年龄等方面的因素综合考虑，应根据自身实际情况制定科学、合理的免疫接种计划。主要猪病推荐免疫程序见表 2-6，规模化猪场种猪参考免疫程序见表 2-7。

①根据猪群的免疫状态和传染病的流行季节，结合当地疫情而制定的疫（菌）接种计划，包括疫（菌）种类、接种时间、接种方法、接种次数和间隔时间等。

表 2-6　主要猪病参考免疫程序

病名和疫苗名称	猪生长阶段	疫苗接种时间和次数
猪瘟 （猪瘟兔化弱毒疫苗）	种公猪	每年春、秋各免疫 1 次
	种母猪	产前 30 天接种 1 次，或春、秋各接种 1 次，全部种母猪于空怀期大剂量（5 头剂）免疫 1 次。妊娠母猪，尤其是怀孕早期，应禁用活疫苗，以免引起死产、流产
猪瘟 （猪瘟兔化弱毒疫苗）	仔猪	无疫情时 20 日龄（3 周龄）、70 日龄（2 月龄）各接种 1 次；有疫情时，出生后吮初乳前 1 小时内接种，接种后 2 小时哺乳；断奶时再免疫 1 次
	后备种猪	8 月龄配种前大剂量（5 头份）免疫 1 次，产前 1 月接种 1 次，选留种用后立即接种 1 次
猪丹毒、猪肺疫 （猪丹毒弱毒菌苗） （猪肺疫弱毒活菌苗）	种猪	春、秋分别用猪丹毒和猪肺疫疫苗各接种 1 次
	仔猪	断奶时（30～35 日龄），2 种疫苗分别接种 1 次；70 日龄再次接种

（续）

病名和疫苗名称	猪生长阶段	疫苗接种时间和次数
仔猪副伤寒 （仔猪副伤寒弱毒活菌苗）	仔猪	断奶时（30～35日龄），口服或注射1头份；或不注射
仔猪大肠杆菌病（黄痢） （大肠杆菌灭活菌苗）	妊娠母猪	产前40～42天和15～20天分别接种大肠杆菌腹泻菌苗（含K_{88}、K_{99}、987P）或者母猪配种前注射基因工程苗或红黄痢二联灭活疫苗1次。产前15～20天再注射1次
仔猪红痢 （红痢灭活菌苗）	妊娠母猪	产前30天和产前15天分别接种1次
猪细小病毒病 （细小病毒病灭活疫苗）	种公猪、种母猪	每年1次
	后备母猪、种母猪	7～8月龄初配前1个月免疫1次
猪气喘病 （猪气喘病弱毒菌苗）	种猪	成年猪每年接种1次（右侧胸腔注射）
	仔猪	7～15日龄接种1次
	后备种猪	配种前再接种1次
猪乙型脑炎 （乙型脑炎弱毒疫苗）	种猪	种猪于每年4～5月或蚊虫猖獗前，肌内注射疫苗1次（1毫升）
	后备母猪	青年公、母猪注射2次（间隔2～3周）
猪传染性萎缩性鼻炎 （传染性萎缩性鼻炎灭活疫苗）	公猪、母猪	春、秋各注射1次
	仔猪	70日龄注射1次
伪狂犬病 （伪狂犬病基因缺失苗）	种猪	受威胁场后备公猪和母猪于配种前及产前15～20天各注射1次基因缺失苗
猪链球菌病 （链球菌多价灭活疫苗）	种猪	每年注射多价灭活疫苗1次
	仔猪	2～3月龄注射1次

表 2-7 规模化猪场种猪参考免疫程序

群别	程序号	免疫时间	本场该病情况	疫苗名称	推荐厂家	剂量	每两次注苗时间
后备种母猪	1	配种前 3～4 月龄	阴	伪狂犬病病毒基因缺失油乳剂浓缩苗	华中农业大学	3 毫升	产前 1 个月加强免疫 1 次（美国先灵葆雅伪狂犬病素养基因缺失苗）
			阳	伪狂犬病弱毒冻干疫苗	哈尔滨兽医研究所	2 毫升	产前 1 个月加强免疫 1 次
	2	配种前 3～4 月龄	阴（不免或选用此苗）	猪蓝耳病油乳剂灭活苗	华中农业大学	3 毫升	产前 2 个月加强免疫 1 次
				猪蓝耳病油乳剂灭活苗	哈尔滨兽医研究所	4 毫升	配种前 5～7 天首免，间隔 3 周二次注射，以后每 6 个月免疫 1 次
			阳	猪蓝耳病弱毒疫苗	上海奉贤	1 头份	
	3	配种前 3～4 月龄	阳	猪 O 型口蹄疫进口佐剂高效苗	兰州生物药品厂	4 毫升	产前 1～1.5 个月加强免疫 1 次
	4	配种前 4～5 月龄	阴	猪细小病毒病油乳剂灭活疫苗	华中农业大学	1 头份	第一次注射后，间隔 2～3 周，于配种前 1 个月第二次注苗
		6～7 月龄	阳	猪细小病毒病灭活疫苗	中国兽医药品监察所	1 毫升	第一次注苗后，间隔 2 周，加强免疫 1 次
	5	配种前 5～6 月龄	阳	猪乙型脑炎活疫苗	上海奉贤	1 头份	间隔 2 周，第二次注射
	6	配种前 6～7 月龄	阳	猪瘟弱毒细胞活疫苗	南京生物药品厂	4 头份	

（续）

群别	程序号	免疫时间	本场该病情况	疫苗名称	推荐厂家	剂量	每两次注苗时间
后备种公猪	1	配种前3～4月龄	阳	猪O型口蹄疫进口佐剂高效苗	兰州生物药品厂	4毫升	间隔3～4周，加强免疫1次
	2	配种前3～4月龄	阴	猪蓝耳病油乳剂灭活苗	华中农业大学	3毫升	间隔3周第二次注射，以后每6个月免疫1次
			阴	猪蓝耳病油乳剂灭活苗	哈尔滨兽医研究所	4毫升	间隔3周第二次注射，以后每6个月免疫1次
			阳	猪蓝耳病弱毒疫苗	上海奉贤	1头份	
	3	配种前4～5月龄	阴	猪伪狂犬病病毒基因缺失浓缩苗	华中农业大学	3毫升	间隔3周第二次注射
			阳	伪狂犬病弱毒冻干疫苗	哈尔滨兽医研究所	2毫升	间隔3周第二次注射
	4	配种前5～6月龄	阴	猪细小病毒病油乳剂灭活疫苗	华中农业大学	1头份	间隔2～3周，于配种前1个月第二次注射
			阳	猪细小病毒病油佐剂苗	中国兽医药品监察所	1毫升	间隔2～3周，于配种前1个月第二次注射
	5	配种前5～6月龄	阳	猪乙型脑炎活疫苗	上海奉贤	1头份	间隔2周第二次注射
	6	配种前6～7月龄	阳	猪瘟弱毒细胞活疫苗	南京生物药品厂	4头份	

（续）

群别	程序号	免疫时间	本场该病情况	疫苗名称	推荐厂家	剂量	每两次注苗时间
仔猪保育猪	1	乳前免疫	阳	猪瘟弱毒细胞活疫苗	南京生物药品厂	1.5～2头份	于60～65日龄，第二次注苗4头份
	2	1～4日龄	阳	猪三联或四联苗（萎鼻、支原体肺炎、巴氏杆菌和嗜血杆菌）	英特威、罗曼	三联1毫升或四联2毫升	间隔2～3周第二次注射
			阳	猪伪狂犬病基因缺失疫苗	德国勃林格殷格翰	2毫升	滴鼻1头份、每鼻孔1毫升，8～9周龄肌内注射1头份
	3	7日龄	阳	猪支原体肺炎（瑞倍适）	辉瑞	2毫升	间隔2周第二次注射
	4	10日龄	阳	猪蓝耳病弱毒疫苗	上海奉贤	0.5头份	20日龄二免1头份
	5	20日龄	阴	猪瘟弱毒细胞活疫苗	南京生物药品厂	3～4头份	于60～65日龄，第二次注苗4头份或于65日龄一次性注射5头份
	6	28～35日龄	阳	伪狂犬病弱毒基因缺失冻干苗	哈尔滨兽医研究所	1毫升	若母猪未在产前接种过此苗或正在暴发此病，则在2～6日龄先接种0.5毫升
	7	3～4周龄	阴	伪狂犬病弱毒基因缺失冻干苗或猪伪狂犬病病毒基因缺失油乳剂浓缩苗	德国勃林格殷格翰、华中农业大学	2毫升	肌内注射或鼻内接种，于10周龄再肌内注射2毫升

（续）

群别	程序号	免疫时间	本场该病情况	疫苗名称	推荐厂家	剂量	每两次注苗时间
经产母猪	1	配种前或产后20天	阳	猪瘟弱毒细胞活疫苗	南京生物药品厂	5头份	
			阴	同后备种母猪，猪伪狂犬病疫苗			
	2	产前1个月免疫1次	阳	同后备种母猪，猪伪狂犬病疫苗			也可1年注苗免疫3次
			阴	同后备种母猪，猪蓝耳病疫苗			
	3	产后6天和配种后60天各1次	阳	同后备种母猪，猪蓝耳病弱毒疫苗			
	4	配种前	阳	猪O型口蹄疫进口佐剂高效苗	兰州生物药品厂	4毫升	产前30天加强免疫1次
	5	产前1个月	阳	猪萎缩性鼻炎三联灭活疫苗	美国富道	2毫升	产前2周再接种1次

▶ **疫苗接种注意事项**

（1）制定科学合理的免疫程序，选择可靠和适合本猪场的疫苗，严格根据疫苗的使用说明书进行疫苗接种。

（2）疫（菌）苗使用之前，仔细检查疫（菌）苗瓶外观及制品的颜色和性状是否正常，发现异常者不能使用。

（3）接种疫（菌）苗前，检查猪群的健康状况，清点猪头数，确保每头猪都进行免疫。凡患病或传染病流行时，不要接种疫苗。同时做好猪群防疫注射登记。

（4）注射器、针头等器具应保存完好并严格消毒；注射剂量准确，注射部位正确并消毒。

（5）接种结束后，所有疫（菌）苗瓶、器皿、注射器等进行严格消毒并妥善处理。

（6）疫苗注射前后 3 天，严禁使用抗病毒药物。两种病毒性活疫苗的使用最好间隔 7~10 天，以减少相互干扰。活菌疫苗注射前后 5 天，严禁使用抗生素。

三、猪病常用药物与合理用药

目标
- 了解用于治疗猪病的抗病毒药物、抗菌药物、抗寄生虫药物及消毒药物等药物种类
- 熟悉猪病常用药物的种类和使用方法
- 掌握猪病常用抗菌药物、治疗药物、消毒药物使用方法和临床应用范围

（一）猪病常用药物

药物治疗一般是指使用化学药物抑制或杀灭机体内的病原微生物，控制动物机体感染或治疗、缓解机体临床症状和生理功能异常的治疗方法。用于化学治疗的药物统称为化学药物，包括抗细菌药、抗病毒药、抗寄生虫药、解热镇痛药、兴奋药、镇静药、利尿药、解毒药、健胃药、止血药，等等。

猪病用药属兽药之列，在养猪生产中常常使用上述一系列化学药物。在临床使用兽药时，请仔细阅读药品标签和说明书，按要求使用，并注意避免和防止药物超剂量使用、滥用和药物耐药性的出现[1]。现在国内各兽药生产厂的兽药制剂多种多样，多数用商品名，要在充分了解兽药作用与用途、用法与用量等内容后，正确合理地使用。同时加强自我保护意识，避免购买假劣兽药。猪病常用化学药物见表3-1至表3-7。

①指当病原体与化学药物多次接触后，药物的敏感性逐渐降低甚至消失，导致化学药物对耐药菌的疗效降低或基本无效。

表 3-1　猪病常用抗菌药物

药品名称	使用方法	使用剂量	临床应用范围
青霉素 G 钠（钾）	肌内注射	每千克体重 1 万～2 万国际单位，2 次/日	链球菌病、葡萄球菌病、炭疽、猪肺疫、猪丹毒、仔猪副伤寒、乳腺炎、子宫炎，临床上应注意与四环素等酸性药物及磺胺类药有配伍禁忌
氨苄青霉素	内服	每千克体重 5～15 毫克，2 次/日	作用类似于青霉素 G。临床上用于肺炎、肠炎、子宫炎、胆道及尿路等感染的治疗，与卡那霉素、庆大霉素、链霉素有协同作用
	肌内注射	每千克体重 2～7 毫克，2 次/日	
羟氨苄青霉素	肌内注射	每千克体重 2～7 毫克，2 次/日	呼吸道、泌尿道及胆道感染，疗效优于青霉素，注意不可在体外与氨基糖苷类药物混用
头孢噻吩钠	肌内注射	每千克体重 10～20 毫克，2 次/日	呼吸道、泌尿道的严重感染及乳腺炎、败血症等。用于对青霉素耐药的金黄色葡萄球菌感染。不宜与庆大霉素合用
头孢氨苄	肌内注射	每千克体重 10～15 毫克，2 次/日	对革兰氏阳性菌和革兰氏阴性菌有强抗菌作用。不宜与红霉素、卡那霉素、四环素、硫酸镁合用
红霉素	口服	每千克体重 20～40 毫克，2 次/日	临床上用于耐药金黄色葡萄球菌的严重感染及肺炎、子宫炎、乳腺炎、败血症、链球菌病、支原体病、衣原体病等
	静脉注射或肌内注射	每千克体重 1～2 毫克，2 次/日	
泰乐菌素	混饲	100～200 毫克/千克	抗菌作用类似红霉素，对支原体作用强，用于呼吸道炎症、肠炎、乳腺炎、子宫炎及螺旋体病等。临床上主要用于猪气喘病的预防
	肌内注射	每千克体重 2～10 毫克，2 次/日	
硫酸链霉素	肌内注射	每千克体重 10 毫克，2 次/日	主要用于治疗结核病、肺炎、细菌性肠炎、传染性鼻炎、放线菌病等，与青霉素合用治疗细菌性感染，可增强疗效
硫酸庆大霉素	肌内注射	每千克体重 1～1.5 毫克，2 次/日	主要用于治疗耐药金黄色葡萄球菌及其他敏感菌引起的呼吸道、消化道、泌尿道感染及坏死性皮炎、败血症等

（续）

药品名称	使用方法	使用剂量	临床应用范围
硫酸卡那霉素	肌内注射	每千克体重10～15毫克，2次/日	对革兰氏阴性菌作用较强，对革兰氏阳性菌作用较弱，可用于败血症、菌血症及呼吸道、泌尿道感染
四环素	混饲	300～500毫克/千克	用于革兰氏阳性菌、革兰氏阴性菌及支原体、衣原体、立克次体、螺旋体等引起的临床感染，治疗子宫炎、坏死杆菌病等
	肌内注射	每千克体重2.5～5毫克，2次/日	
土霉素	混饲	300～500毫克/千克	用于革兰氏阳性菌、革兰氏阴性菌、支原体、衣原体、立克次体、螺旋体等引起的临床感染。本品为广谱抗生素，不可与青霉素联用
	肌内注射或静脉注射	每千克体重2.5～5毫克，2次/日	
金霉素	内服	10～20毫克/千克，3次/日	对革兰氏阳性菌、革兰氏阴性菌及支原体、衣原体、立克次体、螺旋体等引起的临床感染都有疗效。本品为广谱抗生素，与阿莫西林、支原净或氟苯尼考联合使用效果更好
	混饲	200～500毫克/千克，连用3～5日	
强力霉素	混饲	100～200毫克/千克	抗菌作用类似土霉素和四环素，但作用强2～10倍。用于治疗支原体病、立克次体病、大肠杆菌病、沙门氏菌病等。不可与青霉素联用
	肌内注射	每千克体重1～3毫克，1次/日	
磺胺嘧啶	内服	每千克体重首次量140～200毫克，2次/日，维持量减半	用于革兰氏阳性菌和阴性菌等引起的各种感染。治疗脑部细菌性疾病的首选药物，适用于呼吸道、消化道、泌尿道等细菌感染性疾病，内服应配合等量的碳酸氢钠
磺胺二甲氧嘧啶	内服	每千克体重首次量50～100毫克，2次/日，维持量减半	用于革兰氏阳性菌和阴性菌等引起的各种感染。治疗脑部细菌性疾病的首选药物，适用于呼吸道、消化道、泌尿道等细菌感染性疾病，内服应配合等量的碳酸氢钠

（续）

药品名称	使用方法	使用剂量	临床应用范围
磺胺对甲氧嘧啶	内服	每千克体重首次量50～100毫克，2次/日，维持量减半	对化脓性链球菌、沙门氏菌和肺炎杆菌有良好的抗菌作用。对尿路感染疗效显著。与三甲氧苄胺嘧啶合用可增强疗效。内服应配合等量的碳酸氢钠，肾功能受损者慎用
磺胺间甲氧嘧啶	内服	每千克体重首次量50～100毫克，2次/日，维持量减半	对革兰氏阳性菌、阴性菌有良好的抗菌作用，对球虫和弓形虫作用显著，可用于治疗消化道、呼吸道及泌尿道感染。内服应配合等量的碳酸氢钠，肾功能受损时慎用
三甲氧苄氨嘧啶（TMP）	内服	一般按1∶5的比例与磺胺类药物或某些抗生素联合使用	对多种革兰氏阳性菌和阴性菌均有抑制作用，与磺胺类药物或某些抗生素联合使用能增强疗效，一般不单独使用。内服吸收良好，主要用于呼吸道、泌尿道、生殖道、消化道及全身性感染和败血症
复方磺胺嘧啶钠注射液	肌内注射	每千克体重20～25毫克，2次/日	用于革兰氏阳性菌和阴性菌等引起的各种感染。治疗脑部细菌性疾病的首选药物，适用于呼吸道、消化道、泌尿道等细菌感染性疾病
复方磺胺对甲氧嘧啶注射液	肌内注射	每千克体重20～25毫克，2次/日	对化脓性链球菌、沙门氏菌和肺炎杆菌有良好的抗菌作用。对尿路感染疗效显著
环丙沙星	肌内注射 静脉注射	每千克体重2.5～5毫克，2次/日， 每千克体重2毫克，2次/日	对葡萄球菌、链球菌、肺炎双球菌、绿脓杆菌作用强。对β-内酰胺类和庆大霉素耐药菌也有效。多用于泌尿系统、呼吸系统感染。不可与氨茶碱合用

29

（续）

药品名称	使用方法	使用剂量	临床应用范围
恩诺沙星	内服	每千克体重2.5～5毫克，2次/日	对革兰氏阳性菌、阴性菌均有杀灭作用，对支原体有特效，用于仔猪腹泻、断奶仔猪大肠杆菌肠毒血症和腹泻、猪支原体肺炎、胸膜肺炎、嗜血杆菌感染、乳房炎、子宫炎和无乳综合征等。禁止和卡那霉素或庆大霉素混合使用
	肌内注射	每千克体重2.5毫克，2次/日	
盐酸林可霉素	口服	每千克体重10～15毫克，3次/日	对革兰氏阳性球菌作用较强，尤其对厌氧菌作用强，用于支气管炎、肺炎、败血症、乳腺炎、骨髓炎、化脓性关节炎、蜂窝组织炎及泌尿道感染等。对革兰氏阴性菌无效，不可与卡那霉素、磺胺类及红霉素合用
	肌内注射	每千克体重5～10毫克，2次/日	
泰妙菌素（支原净）	混饲	100～120毫克/千克，连用5～7日	对革兰氏阳性菌、支原体、猪胸膜肺炎放线杆菌及猪密螺旋体等有较强的抗菌作用。本品禁止与聚醚类抗生素合用
	饮水	预防量为400毫克/升，连用3日	
氟苯尼考	混饲	150～200毫克/千克	对革兰氏阳性菌、阴性菌均有强大的杀灭作用，对其他抗生素产生耐药性菌株效果显著，能有效控制猪的呼吸道和消化道疾病，如猪气喘病、传染性胸膜肺炎和黄痢、白痢等
	肌内注射	见说明书	
制霉菌素	口服	50万～100万国际单位，3次/日	主要用于胃肠道、呼吸道长期服用广谱抗生素后所致的真菌感染
克霉唑	口服	每千克体重10～20毫克，3次/日	广谱抗真菌药，对念珠菌、曲霉菌、皮肤癣菌有良好作用。主要用于治疗各种深部真菌病，如胃肠道、呼吸道、泌尿道感染和败血症
	肌内注射	每千克体重10毫克，2次/日	

表 3-2 猪病常用抗病毒药物

药品名称	使用方法	使用剂量	临床应用范围
黄芪多糖注射液	肌内注射	每千克体重20毫克，2次/日	广谱抗病毒药物，对多种病毒，包括流感病毒、副流感病毒、腺病毒、疱疹病毒、痘病毒、轮状病毒等有抑制作用
白细胞干扰素	肌内注射	2万～4万国际单位，1次/日，连用3日	广谱抗病毒药物，用于防治猪流行性腹泻、传染性胃肠炎、轮状病毒性腹泻、伪狂犬病、细小病毒病、温和型猪瘟、流行性感冒等

表 3-3 猪病常用抗寄生虫药物

药品名称	使用方法	使用剂量	临床应用范围
精制敌百虫	内服	每千克体重80～100毫克	对畜禽体内外寄生虫均有杀灭作用，临床主要用于驱除畜禽胃肠道线虫及体外寄生虫，如蜱、螨、蚤、虱、蚊、蝇等。治疗量与中毒量接近，中毒时用解磷定、阿托品等解救。禁止与碱性药物或碱水合用
	外用	1%～3%溶液，局部涂擦或喷雾	
盐酸左旋咪唑	内服	每千克体重10～15毫克	对多种消化道线虫有较好杀灭作用，对猪蛔虫、类圆线虫和后圆线虫有良好驱除效果，对猪肾虫亦有效，并有免疫调节作用
	肌内注射	每千克体重7.5毫克	
伊维菌素	内服	每千克体重0.3～0.5毫克	对猪后圆线虫、猪蛔虫、有齿冠尾线虫、食道口线虫、兰氏类圆线虫以及后圆线虫幼虫均高效。对于外寄生虫，如猪疥螨、猪血虱等亦有极好的杀灭作用
	皮下注射	每千克体重0.3毫克，间隔7天重复注射1次	
贝尼尔、血虫净	肌内注射	每千克体重4～6毫克	主要用于锥虫病、焦虫病、猪附红细胞体病的治疗。用药前或用药时注射阿托品，可减少副作用
丙硫苯咪唑	内服	每千克体重20～80毫克，连用3日	主要用于驱除肠道线虫、猪棘头虫、肺线虫、猪囊尾蚴、吸虫、结节虫等

（续）

药品名称	使用方法	使用剂量	临床应用范围
硫双二氯酚	内服	每千克体重 80～100 毫克，连用 3 日	主要用于驱除消化道寄生虫，如姜片吸虫、绦虫、猪棘头虫、结节虫等
吡喹酮	内服 肌内注射	每千克体重 20～40 毫克，连用 3 日	治疗血吸虫病的最佳药物，并对多种绦虫及未成熟虫体有效，主要用于治疗猪囊尾蚴病、姜片吸虫病等
氯苯胍	内服	每千克体重 20～25 毫克，连用 3 日	主要用于治疗球虫病等

表 3-4　猪病常用治疗药物

药品名称	使用方法	使用剂量	临床应用范围
大黄末	口服	健胃，2～5 克/次；止泻，仔猪 2～5 克/次；下泻，5～10 克/次	小剂量有健胃作用；中剂量有收敛和抗菌作用；大剂量则有泻下作用。主要用于健胃，也可与硫酸钠合用治疗便秘
硫酸钠（镁）	内服	健胃，3～10 克/次；下泻，25～50 克/次	小剂量呈现健胃作用；大剂量有泻下作用，用于大肠便秘及排除肠内毒物等。一般配 4%～6% 溶液，同时灌服大量饮水。禁与钙盐配合应用
鞣酸蛋白	内服	止泻，2～5 克/次	收敛止泻作用，主要用于急性肠炎和非细菌性腹泻
药用炭	内服	10～25 克/次	吸收胃肠内的细菌毒素，呈现止泻作用。常用于肠炎、腹泻和毒物中毒
乳酸	内服	0.3～3 毫升	用前稀释成 2% 溶液，具防腐、制酵作用，促进消化液分泌
胃蛋白酶	口服	800～1 600 单位/次	用于胃液分泌不足及幼畜胃蛋白酶缺乏引起的消化不良。禁止与碱性药物、鞣酸、金属盐合用，喂料前服用

（续）

药品名称	使用方法	使用剂量	临床应用范围
酵母片	内服	10～30克/次	用于食欲不振、消化不良和B族维生素缺乏症的辅助治疗。用量过大可致腹泻
人工盐	口服	健胃，10～30克/次；缓泻，50～100克/次	小剂量内服，用于消化不良、食欲下降、胃肠迟缓和卡他等；大剂量内服，同时大量给水能引起缓泻，用于早期肠便秘。禁与酸性物质、胃蛋白酶等配合应用
乳酶生	口服	2～10克/次	活菌制剂，常用于消化不良、仔猪腹泻等。现配现用，不宜与抗菌药、吸附剂、收敛剂等合用
益生素	口服	使用剂量见说明书	具有促进动物生长、提高饲料利用率、防治仔猪黄痢、白痢等作用。现配现用，应避免与抗菌药同时服用
咳必清	内服	每千克体重50～100毫克，3次/日	镇咳药，用于治疗呼吸道炎症引起的干咳嗽
可待因	内服	每千克体重15～60毫克，1～2次/日	有较强镇咳作用，用于无痰、剧痛性咳嗽，以及由胸膜炎引起的干咳嗽。禁用于呼吸道有大量分泌物的患畜
复方甘草合剂	内服	每千克体重10～30毫升，3次/日	祛痰、镇咳、解毒及抗炎等作用，常用于无痰咳喘
氨茶碱	肌内注射	每千克体重0.25～0.5克，1～2次/日	具有平喘作用和强心利尿作用。主要用于支气管炎及心性水肿。不宜与酸性药合用
双氢氯噻嗪	内服 肌内注射	50～100毫克/次，1～2次/日 50～75毫克/次	有较强的利尿作用，用于各种类型的水肿。长期服用，需服氯化钾
呋喃苯胺酸	肌内注射	0.5～1毫克/次，1次/日	有利尿作用，用于各种原因引起的水肿，并促进尿道上部结石的排除，也用于急性肾功能衰退

（续）

药品名称	使用方法	使用剂量	临床应用范围
甘露醇	静脉注射	100~250 毫升/次	有脱水和利尿作用，用于脑水肿、脑炎的辅助治疗
黄体酮	肌内注射	15~25 毫克/次	有安胎作用，主要用于习惯性流产、先兆性流产以及母畜同期发情等
脑垂体后叶素	肌内注射	10~50 国际单位/次	小剂量可增强子宫节律性收缩，大剂量引起子宫强直性收缩而止血，用于胎位不正、产道无障碍，而子宫收缩无力、子宫颈口已开放的母畜催产；治疗胎衣不下
催产素	肌内注射	10~50 国际单位/次	子宫收缩药，用于分娩时子宫收缩无力、产后出血、催产、胎衣不下和排出死胎等
麦角新碱	肌内注射	0.5~1 毫克/次	子宫体强制性收缩，主要用于产后子宫出血、胎衣不下及产后子宫复原。不宜用于催产或引产
氯铵酮	肌内注射	10~15 毫克/千克	非巴比妥类麻醉药，主要用于猪镇静性保定
硫酸镁注射液	肌内注射	2.5~7.5 克/次	镇静药，有松弛骨骼肌作用，用于破伤风、士的宁中毒及其他痉挛性疾病
复方氨基比林	肌内注射	5~10 毫升/次	解热镇痛药，广泛用于发热性疾患、神经痛、肌内痛、关节痛、急性风湿性关节炎。本品不宜长期连续使用
安乃近	肌内注射	1~3 克/次	解热镇痛药，有一定的消炎和抗风湿作用。本品不宜长期连续使用
柴胡注射液	肌内注射	5~10 毫升/次	解热作用明显，有一定的镇静、镇咳、镇痛、抗炎等作用。用于感冒、上呼吸道感染等发热性疾病

（续）

药品名称	使用方法	使用剂量	临床应用范围
乙酰水杨酸	肌内注射	20～50毫升/次	解热、镇痛明显，消炎和抗风湿作用强，主要用于急性风湿症。不宜空腹投药，应同服等量碳酸氢钠
安钠咖	肌内注射	1～3克/次	强心药，用于精神沉郁、心脏衰竭、呼吸减弱等
肾上腺素	肌内注射	每千克体重0.01～0.02毫升，0.1%针剂	兴奋药，用于急性麻醉过深、急性心力衰竭的心跳减弱或骤停以及过敏性休克等。禁与洋地黄、钙剂及碱性药物合用
阿托品	肌内注射	每千克体重0.02～0.05毫克	抗胆碱药，用于胃肠痉挛、有机磷农药和胆碱药中毒。阿托品中毒时，可用巴比妥类或水合氯醛解救
止血敏	肌内注射	0.25～0.5克/次	止血药，用于手术前后预防出血和止血、鼻出血、内脏出血、分娩时异常出血、紫癜等。本品过量可致血栓形成
安络血	肌内注射	2～4毫升/次，2～3次/日	止血药，用于鼻出血、内脏出血、血尿、手术后出血、子宫出血等
维生素K	肌内注射	每千克体重0.5～2.5毫克，2～3次/日	止血药，用于各种原因引起的出血性疾病和长期服用抗生素引起的维生素K缺乏症
右旋糖酐铁注射液	肌内注射	100～200毫克/次	抗贫血药，用于仔猪贫血、创伤性贫血、营养障碍性贫血、寄生虫性贫血等。不宜与其他药物同时或混合使用
葡聚糖铁硒注射液	肌内注射	1～2毫升/次	补铁补硒药物，用于仔猪因缺铁缺硒造成的生长发育不良（如僵猪）和仔猪白肌病、水肿病

表 3-5 猪病常用营养代谢药物

药品名称	使用方法	使用剂量	临床应用范围
维生素 D_2	肌内注射	0.5万～2万单位/次	维持体内钙、磷正常代谢，用于维生素 D 缺乏症，如佝偻病、骨软病等，以及骨折和干燥性皮肤病等
维生素 D_3	肌内注射	每千克体重1 500～3 000单位	维持体内钙、磷正常代谢，用于维生素 D 缺乏症，如佝偻病、骨软病等，以及骨折和干燥性皮肤病等
维生素 E	皮下注射、肌内注射	0.1～0.5克/次	用于猪白肌病、猪肝坏死和黄脂病等。常和硒配合使用，效果更好
复合维生素 B	肌内注射	2～6毫升/次	用于营养不良、食欲不振、多发性神经炎、糙皮症和缺乏维生素 B 而导致的各种疾病。常与维生素 C 合并使用
维生素 C	内服、肌内注射、静脉注射	0.2～0.5克/次	用于缺乏维生素 C 引起的坏血病、高热、慢性消耗性疾病、外伤、贫血、感染性休克、过敏性疾病和某些中毒病的辅助治疗
葡萄糖酸钙	静脉注射	50～150 毫升/次，10%针剂	主要用于钙缺乏所致的骨软症、佝偻病以及各种过敏性疾病、血钾过高症等。缓慢静脉注射，勿漏出血管外
亚硒酸钠	肌内注射	仔猪1～2毫升/次，母猪5～10毫升/次；0.1%针剂	主要用于猪硒缺乏症、营养性肝病和桑葚心等，对母猪流产、胎衣不下、乳房炎也有一定辅助疗效，常与维生素 E 合用，效果佳
生理盐水注射液	静脉注射	250～1 000毫升/次	用于严重腹泻和大量出汗时，补充水和盐；大出血或休克时，补充血容量。另可用于药物稀释液

（续）

药品名称	使用方法	使用剂量	临床应用范围
氯化钾注射液	静脉注射	0.5～1克/次	用于各种原因引起的低钾血症及强心苷中毒的解救。肾功能障碍、脱水和循环衰竭等患畜禁用或慎用
葡萄糖注射液	静脉注射	10～50克/次	用于重病、久病、体质虚弱的病猪，也可用作脱水、化学药品及农药中毒、细菌毒素中毒等解救的辅助治疗
碳酸氢钠（小苏打）	静脉滴注	40～120毫升/次，5%注射液	主要用于各种原因引起的酸中毒、高钾血症、感染与中毒性休克等。本品不可与酸性药物、生理盐水及磺胺类钠盐、钙剂混合使用。肾功能不全、水肿等病猪慎用

表 3-6　猪病常用特效解毒药物

药品名称	使用方法	使用剂量	临床应用范围
碘解磷定（派姆）	静脉注射	每千克体重15～30毫克，4%，重度中毒，2小时重复用药1次	常用于有机磷杀虫药或农药中毒，如对硫磷（1605）、内吸磷（1059）等急性中毒的解救。中毒早期使用，同时与阿托品合用，静脉注射速度应慢
双复磷	肌内注射、静脉注射	每千克体重15～30毫克	作用与碘解磷定相似，且有阿托品样作用。对缓解患猪的腹痛及呕吐等效果显著
亚硝酸钠	静脉注射	0.2克/次	用于氰化物中毒的解毒，本品必须与硫代硫酸钠合用
硫代硫酸钠	肌内注射	1～3克/次	主要用于氰化物中毒，也可用于碘、汞、砷、铝和铱等中毒。早期用药，药量要足，并配合抗心律失常药物

（续）

药品名称	使用方法	使用剂量	临床应用范围
乙酰胺（解氟灵）	肌内注射、静脉注射	每千克体重50～100毫克，2～3次/日，连用5～7日	常用于氟乙酰胺和氟乙酸钠等农药中毒的解毒，早期用药，药量要足
亚甲蓝（美蓝）	静脉注射	每千克体重0.1～0.2毫升（解救高铁血症），每千克体重0.25～1毫升（氰化物中毒）	用于缓解亚硝酸盐中毒，也可用于治疗氨基比林、磺胺类药物引起的高铁血红蛋白症；用于氰化物中毒的解救，须与硫代硫酸钠合用。禁止皮下注射或肌内注射
二巯基丙磺酸钠	肌内注射、静脉注射	每千克体重7～10毫克，3～4次/日，后酌情减药	主要用于砷、汞、锑中毒的解毒，也可用于锇、钴、铜、铬、锌等中毒的解毒，副作用和毒性小
二巯基琥珀酸钠	静脉注射	每千克体重20毫克，1次/日，连用5～7日，5%溶液	主要用于锑、汞、砷、铅的解毒，毒性低。对锑中毒的解毒能力尤强

表3-7　猪病常用消毒药物

药品名称	使用方法与剂量	临床应用范围
石炭酸	清洗 喷洒 2%和5%水溶液	2%～5%溶液用于消毒外科器具，用于车辆、猪舍的消毒等； 2%溶液用于皮肤止痒； 禁止用于创伤及皮肤消毒，对芽孢和病毒无效
煤酚皂溶液（来苏儿）	清洗 喷洒 1%～10%水溶液	用于杀灭一般病原菌，对芽孢无效，对病毒作用可疑； 低浓度溶液用于手和皮肤浸泡； 5%～10%溶液用于猪舍、器械、排泄物和染菌材料等消毒
复合酚（菌毒敌）	清洗 喷洒 稀释100～200倍	用于杀灭细菌、霉菌及病毒，也可杀灭多种寄生虫虫卵； 主要用于圈舍、器具、排泄物和车辆等消毒； 禁与碱性药物或其他消毒剂合用

（续）

药品名称	使用方法与剂量	临床应用范围
醋酸（乙酸）	喷洒 稀释到 5%～6%	用于杀灭绿脓杆菌、嗜酸杆菌和假单胞菌； 用于空气消毒，预防感冒和流感，也可带猪消毒
氢氧化钠（火碱）	喷洒 配成 3%～5% 溶液	3% 溶液用于车船、猪舍地面及其用具的消毒； 5% 溶液用于喷洒炭疽芽孢、口蹄疫和猪瘟感染区消毒； 禁止带猪消毒，以防止烧坏皮肤。消毒时注意防护
氧化钙（生石灰）	配成 10%～20% 石灰乳	20%～30% 石灰乳涂刷猪舍墙壁、畜栏和地面等；对繁殖型细菌有良好的消毒作用，而对芽孢和结核杆菌无效
过氧乙酸（过醋酸）	喷洒 0.2% 溶液或 0.5% 溶液	主要用于猪舍、器具和空气等消毒； 稀溶液对呼吸道和眼结膜有刺激性
漂白粉	喷洒 5%～20% 混悬液	用于消毒猪舍、猪栏、排泄物、炭疽芽孢污染的场所消毒； 0.3～1.5 克/升用于饮水消毒
二氯异氰尿酸钠	喷洒、浸泡 0.5%～10% 水溶液	用于生产用具、地面消毒； 用于饮水消毒（有效氯4毫克/升水）； 与多聚甲醛粉配合，用于熏蒸消毒
碘伏（爱迪优、络合碘）	使用见说明书	对大部分细菌、病毒、真菌、原生动物及细菌芽孢有杀灭作用，用于畜栏、猪舍、墙壁和车辆工具、衣物等消毒
百毒杀	使用见说明书	杀灭各种病毒、病原菌及有害微生物； 用于环境消毒，用于饮水、水管、水塔等消毒
菌毒清	使用见说明书	适应广泛的酸碱环境，灭菌谱与百毒杀相近，用于猪舍、用具等消毒
甲醛溶液	喷洒、熏蒸 1%～10% 水溶液	用于栏舍、用具等喷雾消毒； 与高锰酸钾粉配合，用于猪舍熏蒸消毒
漂白粉	喷洒	用于消毒细菌、病毒污染的栏舍、场地、车辆等

（续）

药品名称	使用方法与剂量	临床应用范围
碘酊	2％～5％碘酊 10％碘酊	用于皮肤及手术部位消毒； 治疗肤慢性炎症和关节炎等
酒精（乙醇）	75％溶液	用于皮肤和器械消毒
新洁尔灭	0.1％溶液 0.01％～0.1％溶液	用于浸泡手、皮肤、手术器械和玻璃、搪瓷等用具； 用于冲洗黏膜和深部感染创
洗必泰	0.02％溶液	用于浸泡手臂，冲洗创伤，喷洒无菌室、手术室用具等消毒

（二）病猪给药方法

➤ 口服给药法

口服给药是治疗猪病常用的给药方法，是将药物喂服或从口灌入。口服的药物，依据药物的性状、气味、形态及剂量的不同，采用以下几种给药方法。

（1）混饲法 是指将药物均匀地混合在饲料中让猪采食，要求这种药物没有特殊气味。使用时先称量药物，并放入少量精饲料中拌匀，再将含药的饲料拌入日粮饲料中，搅拌均匀，撒入食槽，让猪自由采食。该方法常用于大群猪的预防性投药和早期发病猪的治疗。

（2）饮水法 是预防性投药和早期发病猪治疗给药最为常用的方法。将药物溶解在一定体积的饮水中，使猪饮水的同时吃入药物，达到预防或者治疗疾病的目的。使用该法给药要求药物必须溶于水。

（3）胃管投服法 病猪不吃食、药物剂量大或者药物有异味时，可采用胃管投服法。这种方法适用于投服液体或者经溶化后的固体和中药煎液。把猪保定好，将猪嘴用木棒撬开，放入开口器，然后将橡皮小胃管或导尿管通过开口器的小孔缓慢地送到咽喉部，等猪出现吞咽动作时，趁机将胶管送入食管，这时胶管略有阻力。此时用力挤压胃管中间的小橡皮球或将管口靠近耳边听，看是否有气流冲出。如果橡皮球不鼓起或耳边没有呼吸气流流出，证明胃管已插入食管，再继续送入适当深度，接上漏斗，就可以投药。如果橡皮球鼓起或耳听有呼吸气流冲出，证明胃管插入了气管，必须拔出重新插入，直至确定胃管正确插入食管内以后，方可灌药。

（4）丸剂或舔剂投药法　将药物加入适量粉剂，调成糊状，待猪保定好后，用木棒撬开猪嘴，用薄竹板或薄木板将药物涂抹在猪的舌根部，使其吞咽。若制成丸剂，将药丸放至口腔深部，便可吞下。对发病较多的小猪，这种方法是简单、迅速而安全的喂药方法。

（5）汤匙投药法　这种方法一般用于液体药物、溶化后的固体药物或者中草药煎剂等。猪保定好后，用木棒撬开猪嘴，手拿小勺，从猪舌侧面靠腮部倒入药液，等猪咽下后，再灌入第二勺。如猪含药不咽时，可摇动木棒促使其咽下。采用这种方法要特别注意，坚持少量、慢灌的原则，以防药液呛入猪的气管，引起异物性肺炎或窒息死亡，造成不必要的损失。

▶ 注射给药法

注射给药法是治疗病猪常用的给药方法，是应用注射器将药液注入体内，分为皮下注射、肌内注射、静脉注射、腹腔注射等。

（1）注射器和针头　猪用注射器有玻璃注射器、金属注射器和塑料注射器。根据使用方法分为单次注射器和连续注射器。玻璃注射器、金属注射器可重复使用，但在每次使用后和下次使用前都要消毒。塑料注射器可一次性使用。在大规模疫苗免疫时，使用连续注射器更为方便。注射药物时，不同年龄的猪选用不同规格的针头，对于大猪可用 16 号针头，仔猪可用 9 号针头，新生仔猪可用 7 号针头。所有针头在每次使用前后都要进行消毒处理，在注射时做到一头猪更换一个针头，以免因针头被污染而传播疾病。

（2）肌内注射　注射部位一般选择臀部或颈部。注射时先用碘酊消毒，右手持注射器，将针头迅速垂直刺入肌肉内 3~4 厘米，回抽活塞没有回血，即可注入药液。注射完毕，以酒精棉球压迫针孔，拔出注射针头，最后以碘酊涂布针孔。在使用金属注射器进行肌内注射时，一般在刺入动作的同时将药液注入，要求刺入的动作轻快而突击有力，用力的方向须与针头一致。

（3）皮下注射　注射部位在耳根后或股内侧，局部剪毛、碘酊消毒，在股内侧注射时，应以左手的拇指与中指捏起皮肤，食指压其顶点，使其成三角形凹窝，右手持注射器垂直刺入凹窝中心皮下约 2 厘米（此时针头可在皮下活动），左手放开皮肤，抽动活塞不见回血时，推动活塞注入药物。注射完毕，以酒精棉球压迫针孔，拔出注射针头，最后以碘酊涂布针孔。在耳根后注射时，由于局部皮肤紧张，可不捏起皮肤而直接垂直刺入约 2 厘米，其他操作与股内侧注射相同。

（4）静脉注射　注射部位在耳大静脉或前腔静脉。局部消毒后，左手拇指和其他指捏住耳大静脉（或用橡皮带环绕耳基部拉紧做个活结），使其怒张，右手持注射器将针头迅速刺入（约 45° 角）静脉，看见回血后，放开左手（或取去橡皮带），慢慢注入药液。注射完毕，左手拿酒精棉球紧压针孔，右手迅速拔出针头。进行前腔静脉注射时，使猪仰卧保定，注射人员站在猪前方，轻轻移动前肢位置，见第一肋前沿与胸骨柄间的凹陷，在凹陷后 1/3 进针，针头向着胸腔入口中央气管腹侧面的方向刺入。针刺深度：小猪 1.0～2.5 厘米，中猪 2.0～2.5 厘米，母猪 3.0～3.5 厘米，大肥猪 6.0～7.0 厘米。静脉注射常用于抢救危急病猪或者对局部刺激性较大的药液。

（5）腹腔注射 注射部位在猪后侧腹部，可定在倒数第二个乳头外侧 1 厘米处，大猪可站立或侧卧保定，小猪倒提两后肢，左手先捏起腹部皮肤，术部皮肤用 5% 碘酊消毒，针头与皮肤垂直刺入腹腔，回抽活塞，如无气体和液体时，再慢慢注入药液。注入药液前，应预先将药液加温至接近猪的正常体温。腹腔注射常用于大剂量补糖、补液及静脉注射困难者。

（6）胸腔注射 注射部位可选择肩胛骨后缘 3.0～6.0 厘米处，在两肋间进针。用 5% 碘酊消毒皮肤，左手寻找两肋间位置，针头垂直刺入胸腔。针头进入胸腔后，立即感到阻力消失，即可注入药液或疫苗。

▶ 灌肠给药法

灌肠是将药液通过橡皮导管经肛门灌入大肠内的给药方法，猪可用橡皮球式灌肠器。若没有专用的灌肠器，则用橡皮管接上漏斗，或用带针头的注射器灌药。将导管插入肛门时，动作要轻缓，不要捅伤肠管，大猪可插入 25~30 厘米，小猪可插入 8~10 厘米。药液最好加热至 40℃ 左右灌入，灌完后保留短时，然后抽出橡皮管。凡是用于口服、肌内及皮下注射的药液均可使用保留灌肠法给药，特别适用于肠道便秘类病症。母猪子宫炎，需要子宫灌药或子宫冲洗时，也可采用类似的方法，将药液从阴门灌入阴道和子宫内。

（三）猪病防治药物的合理应用

为了充分发挥化学药物防治猪病的效果，降低药物对猪群的毒副反应，减少细菌耐药性的产生，提高药物治疗水平，应切实做到合理用药，在临床生产中应严格执行以下基本用药原则。

（1）严格掌握适应证，正确选择药物　对疾病做出正确诊断是选择药物的前提，对病原菌进行分离、培养、鉴定和进行药敏试验是选择抗菌药物的有效方法。有了确切的诊断，方可了解致病病原，从而选择对病原高度敏感的药物。

（2）合理使用首选药，高效防治猪病　对某种病原最敏感、治疗效果最佳的药物称为首选药。由于药物使用一定时间后会产生耐药性，因此首选药也会发生变化。例如，治疗猪肺炎支原体病，20世纪80年代的首选药为土霉素，90年代以后的首选药为环丙沙星等。因此，必须对药物的发展和新药的特性、制剂、抗菌谱等有全面了解和掌握。

（3）药物使用要有足够的剂量和疗程，避免产生耐药性　抗菌药物用量过大，常造成浪费，并引起毒副作用；但用量不足或疗程过短，则容易产生细菌耐药性。因此，临床上必须保证用药剂量和用药持续时间，如磺胺类药物、红霉素类药物首次剂量一般加倍；多数抗菌药物3~5天为一个疗程。对于一些慢性疾病或反复发作流行感染的顽固性疾病，应采取群防群治的措施，最有效经济的方法是在饲料或饮水中添加药物数周或数月，进行彻底治疗。

（4）严格掌握适应证，禁止滥用抗菌药物，必要时联合用药　联合用药可以扩大抗菌谱，增加疗效，降低药物毒性。联合用药必须有明确的临床指征，如病情危急或严重感染，或一种药物不能控制的混合感染，或某种药物已产生耐药性的感染等。临床上可以将青霉素类、头孢类与氨基糖苷类、多黏菌素类协同使用；将四环素类、红霉素类与氨基糖苷类、多黏菌素类联合使用。禁止将青霉素类、头孢类与四环素类、红霉素类联合使用。由于同类药物作用机理相同，禁止同类药物在临床上联合应用。另外多数化学药物在静脉给药时应单独使用。

（5）糖皮质激素类药物用药原则 糖皮质激素类药物具有抗炎、抗毒素和抗休克等作用，可以用于治疗猪群炎症和全身性严重感染。在使用本类药物时，必须配合大剂量抗菌药物治疗。

（6）猪免疫期间用药原则 猪病菌苗免疫接种期间，禁止使用抗菌药物，以免影响菌苗的主动免疫效果和抗体的形成。

四、猪重大传染病的防控

目标 ● 掌握猪口蹄疫、猪瘟、高致病性猪蓝耳病、猪水疱病、非洲猪瘟的基本特点、临床特征和防控方法。

（一）口蹄疫

口蹄疫是由口蹄疫病毒引起的猪的急性、热性、高度接触性传染病。疾病特征是口腔黏膜、蹄部、乳房等处皮肤出现水疱和溃烂。本病传播速度极快，常在极短时间内出现大流行，是世界动物卫生组织规定的 A 类烈性动物传染病，是我国规定的一类动物疫病。

▶ 病原特征

口蹄疫病毒[①]有 7 个血清型，我国目前流行的主要是 O 型和亚洲 I 型（Asia–I）型，其中亚洲 I 型病猪病情较重。

口蹄疫病毒对酸和碱都很敏感，2%氢氧化钠、3% ~ 4%甲醛、0.5% ~ 1%过氧乙酸、30%热草木灰水、10%新鲜石灰乳剂等常用消毒剂能杀灭病毒。

▶ 流行特点

本病主要感染偶蹄兽，传染性极强，猪多呈地方性大流行，哺乳仔猪死亡率很高，新生仔猪发病率 100%，死亡率达 80%以上，本病呈周期性流行[②]。主要通过消化

①属于微核糖核酸病毒科口蹄疫病毒属，根据血清学特性分为 O 型、A 型、C 型、南非 I 型、南非 II 型、南非 III 型和亚洲 I 型等 7 个血清型，在不同条件下容易发生变异，型间无交叉保护反应。

②指口蹄疫每隔 1~2 年出现小流行，或 3~5 年出现大流行。

道、呼吸道、破损的皮肤、黏膜、眼结膜、人工输精等直接或间接性的途径传播。本病一年四季均可发生，但以冬春气候比较寒冷时多发，夏季时往往可以自然平息。

▶ **临床症状**

猪口蹄疫主要症状表现在蹄冠、蹄踵、蹄叉（图4-1）、副蹄和吻突皮肤。口腔腭部、颊部、鼻盘边缘（图4-2），以及舌面黏膜等部位出现大小不等的水疱和溃疡，有时母猪的乳房也有水疱（图4-3）。水疱很快破溃，露出边缘整齐的暗红色糜烂面。病猪蹄壳变形或脱落，跛行或卧地，不能站立（图4-4）。若蹄部病损严重，3周以上才能痊愈。仔猪感染时，水疱症状不明显，主要表现为胃肠炎和心肌炎，致死率高达80%以上。妊娠母猪感染可发生流产。

图4-1　猪口蹄疫：蹄叉部水疱和烂斑

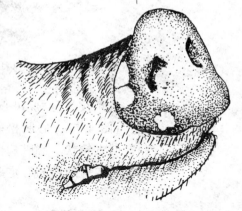

图4-2　猪口蹄疫：鼻盘边缘水疱

▶ **病理变化**

病死猪尸体消瘦，蹄部、鼻盘、唇内黏膜、齿龈、舌面上发生大小不一的圆形水疱疹和糜烂病灶，咽喉、气管、支气管和胃黏膜也有烂斑或溃疡。仔猪发病常常见不到脓疱性斑疹，主要表现急性胃肠卡他性病变，心包膜有弥散性出血点，心肌切面有灰白色或淡黄色斑点

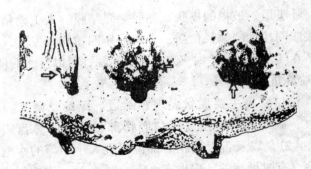

图 4-3 猪口蹄疫：乳房皮肤水疱和烂斑

图 4-4 猪口蹄疫：蹄部水疱破溃，站立痛苦

或条纹，称"虎斑心"（图 4-5），心肌松软似煮熟状。心脏病变对本病的诊断有重要意义。

图 4-5 猪口蹄疫：心肌脂肪变性和出血，呈"虎斑心"

诊断要点

根据本病的流行特点、临床症状、病理变化，一般可做出初步诊断。确诊必须进行病毒分离鉴定、口蹄疫 ELISA 诊断试剂盒检测或病毒核酸序列分析等检测。

鉴别诊断

见表 4-1。

表 4-1　猪口蹄疫、猪水疱诊、猪水疱性口炎、猪水疱病的鉴别诊断

类别	猪口蹄疫	猪水疱疹	猪水疱性口炎	猪水疱病
病原	口蹄疫病毒	水疱疹病毒	水疱性口炎病毒	水疱病病毒
流行特点	各种年龄的猪均发病，传播快，大流行，发病率高，哺乳仔猪死亡率高	各种年龄的猪均发病，散发，发病率差异大，哺乳仔猪死亡率高	各种年龄的猪均发病，散发，发病率高，病死率低，多发于夏季	各种年龄的猪均发病，散发，发病率高，病死率低
临床症状	体温升高，口腔、鼻盘、乳房、蹄冠、蹄踵等出现水疱和烂斑	体温升高，无体毛皮肤、口腔、蹄部出现水疱，破溃形成糜烂	体温升高，口腔、蹄部出现水疱、溃疡，蹄壳脱落，转归良好	体温升高，蹄冠、蹄踵等出现水疱和溃疡，舌、唇、齿龈出现水疱
病变特征	支气管溃疡，虎斑心	发病部位出现水疱，伴有蜂窝组织炎	口腔出现水疱，蹄部水疱少	蹄部、舌、唇出现水疱，心内膜出血

▶ 预防

按国际惯例和我国规定，一旦发现口蹄疫疫情，应立即上报疫情，并迅速采取隔离、封锁、消毒等措施。病猪及同猪群应扑杀或急宰，并作无害化处理，防止扩散。对受威胁区的易感猪群进行紧急预防接种。

我国实行强制性免疫。各猪场可根据当地实际情况制定免疫程序，选择当地流行的口蹄疫 O 型或亚洲 I 型灭活疫苗进行免疫。

（二）猪瘟

猪瘟是由猪瘟病毒感染引起猪的一种急性、热性、高度接触性和致死性传染病。临床上以发病急、高热、广泛性出血、器官梗死①和坏死为特征。

①指猪局部组织和器官因血流供应中断导致的局部组织坏死。

▶ 病原特征

猪瘟病毒只有一种血清型，但国内许多地方出现了毒力变异株。一般强毒株引起高死亡率的急性猪瘟，温和毒株导致亚急性或慢性猪瘟。猪瘟病毒的抵抗力很强，5%～10%漂白粉液或2%氢氧化钠是有效的消毒药。

▶ 流行特点

本病的发生没有季节性，主要经消化道、眼结膜和呼吸道感染。怀孕母猪感染后可通过胎盘感染胎儿，产出弱仔、死胎和木乃伊胎。

我国猪瘟疫苗的大规模推广使用，出现了非典型慢性猪瘟或温和性猪瘟，临床症状显著减轻，死亡率也较低。

▶ 临床特征

临床上该病有多种表现形式，其中以急性和慢性表现为主。

1. **急性猪瘟** 病猪体温升高至40～42℃，多见便秘，后转为腹泻，粪便呈糊状和水样并混有血液。病猪眼睑浮肿，齿龈和唇内面以及舌体上有溃疡或出血斑。后期在病猪耳后、腹部、四肢内侧的皮肤上出现点状和斑状出血，指压不褪色（图4-6）。仔猪发生急性猪瘟时主要出现神经症状，表现为后躯神经麻痹，呈犬坐样（图4-7），或痉挛、抽搐、角弓反张等，最终死亡。

图4-6　猪瘟：皮肤出血斑点

图 4-7　猪瘟：后躯神经麻痹症状

2. 慢性猪瘟　病猪表现为贫血、消瘦和全身衰弱。病程长，不死的猪发育不良。体温升高不明显，食欲时好时坏，便秘和腹泻交替发生（图 4-8）。病猪耳尖、尾根和四肢皮肤坏死，甚至干脱。

图 4-8　猪瘟：病猪后期腹泻症状

▶ 病理变化

1. 急性猪瘟　表现为败血症病变群。

全身淋巴结肿胀，外观呈深红色到紫红色，周边出血严重（图 4-9），切面呈大理石样。喉头、会厌软骨黏膜有出血点和溃疡灶（图 4-10）。肺脏严重出血，表面可见大量出血点或出血斑（图 4-11），肺门淋巴结肿大。心包积液，心外膜、冠状沟、心内膜和心肌均有出血（图 4-12）。

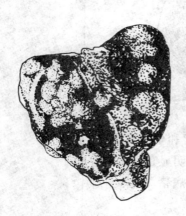

图 4-9　猪瘟：淋巴结周边出血

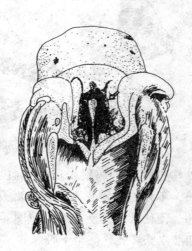

图 4-10　猪瘟：喉头黏膜出血斑点

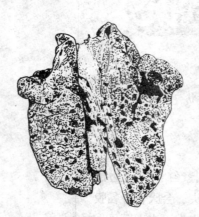

图 4-11　猪瘟：肺出血斑点

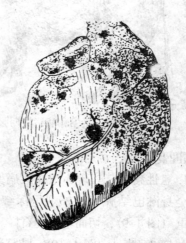

图 4-12　猪瘟：心外膜出血斑点

脾脏一般不肿大，但表现为出血性梗死灶（图 4-13），质地坚硬。肾脏呈土黄色，被膜下可见数量不等的针尖大出血点（图 4-14），出血点多时，外观像麻雀蛋，切开后皮质、肾盂黏膜均见出血点和出血斑（图 4-15）。肠壁上可见大量鲜红色或暗红色出血斑点。膀胱黏膜也有出血斑点（图 4-16）。

2. 慢性猪瘟　以坏死性肠炎为主，特征性病变为回盲口的纽扣状溃疡（图 4-17）。流产母猪所产死胎主要病变是皮肤及内脏、腹腔积液，肾有出血点。

▶ 诊断要点

典型猪瘟依据临床症状和病理变化可做出初步诊断，温和型猪瘟临床很难确诊，需要进行实验室检测。常用

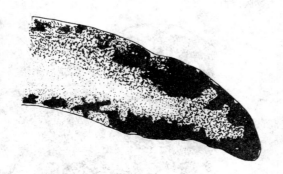

图 4-13　猪瘟：脾脏边缘出血性梗死

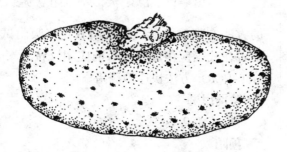

图 4-14　猪瘟：肾脏被膜下点状出血

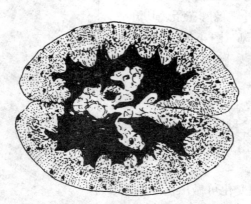

图 4-15 猪瘟：肾脏切面皮质点状出血
和肾盂黏膜出血

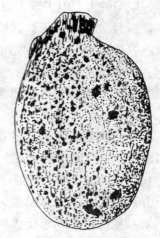

图 4-16 猪瘟：膀胱黏膜出血点

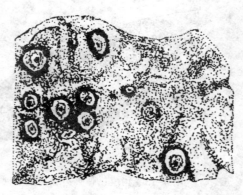

图 4-17 猪瘟：大肠黏膜纽扣状溃疡

的方法有间接血凝试验、酶联免疫吸附试验（ELISA），前者在我国应用较广。目前应用反转录聚合酶链式反应（RT-PCR）方法快速检测猪瘟。

> **鉴别诊断**

见表 4-2。

> **预防**

加强饲养管理，坚持自繁自养，或到无疫区引进种猪。

表 4-2 猪瘟与猪其他疾病的鉴别诊断

类别	猪瘟	猪丹毒	猪肺疫	猪流感	猪副伤寒	猪链球菌病
病原	猪瘟病毒	猪丹毒杆菌	猪巴氏杆菌	猪流感病毒	猪沙门氏菌	猪链球菌
流行特点	各种年龄的猪均发病，地方性流行，发病率和死亡率高	1月龄以上猪多发，地方性流行，发病率和死亡率较高	各种年龄的猪均发病，地方性流行，发病率和死亡率低	各种年龄的猪均发病，地方性流行，发病率高，死亡率低	2～4月龄猪多发，地方性流行，发病率和死亡率高	各种年龄的猪均发病，地方性流行，仔猪发病率和死亡率高
临床症状	体温高，咳嗽，呼吸困难，腹泻与便秘交替出现	体温高，水样腹泻，皮肤出现红斑或疹块，指压褪色	体温高，咽喉肿胀，痛咳，呼吸困难，常呈犬坐姿势	体温高，阵发性咳嗽，痉挛性呼吸	体温高，水样灰黄色恶臭下痢，皮肤紫斑	不咳嗽，跛行，关节肿胀，运动障碍
病变特征	全身组织器官出血，回盲口纽扣状溃疡	脾脏充血、肿大、樱桃红色，心瓣膜菜花样增生物	肺水肿、气肿，与胸膜粘连，纤维素性肺炎	气管、支气管充血、肿胀，间质性肺炎，胃肠卡他炎症	大肠黏膜坏死，糠麸样溃疡，纤维素性坏死性肠炎	气管充血和泡沫，纤维素性心包炎，关节炎，脑膜炎

接种疫苗是预防猪瘟最重要、最有效的手段。常用疫苗有：猪瘟兔化弱毒乳兔组织苗、猪瘟兔化弱毒肾细胞苗、猪瘟和猪丹毒二联弱毒冻干苗级猪瘟、猪丹毒和猪肺疫三联弱毒冻干苗。

▶ 治疗

本病应用药物治疗无效。发病初期，用抗猪瘟血清紧急治疗。对病猪或可疑病猪，应立即隔离或扑杀；疫区或受威胁区健康猪立即进行猪瘟疫苗紧急接种。

（三）猪繁殖与呼吸综合征（高致病性猪蓝耳病）

猪繁殖与呼吸综合征俗称蓝耳病，是由猪繁殖与呼吸综合征病毒引起的猪的一种急性、高度接触性传染病。主要发病特征是妊娠母猪流产，产出死胎和木乃伊胎；仔猪表现呼吸症状和神经症状。

▶ 病原特征

猪繁殖与呼吸综合征病毒分为两个血清型，即欧洲型（如 LV 株）和美洲型（如 VR-2332 株），常用消毒药能杀死本病毒。

▶ 流行特点

不同年龄的猪均可感染，主要侵害怀孕母猪和 1 月龄以内的仔猪，主要通过呼吸道感染，怀孕母猪可传播给胎儿。本病传播迅速，一年四季均可发生。

▶ 临床特征

见表 4-3。

表 4-3　猪繁殖与呼吸综合征主要症状

患猪类别	主 要 症 状
怀孕母猪	病初体温升高达 40℃ 以上，流产、早产，产死胎、木乃伊胎和弱仔（图 4-18）。少数母猪耳部发紫，皮下出现瘀血斑，或有肢体麻痹性神经症状
种公猪	精液品质严重受损，性欲降低，少精、无精、精子异常，精子活力下降，长时间方可恢复
哺乳仔猪	体温升高达 40℃ 以上，呼吸困难，眼睑水肿，运动失调和轻瘫，行走不稳，四肢外展（图 4-19），耳尖和躯体末端皮肤发绀（图 4-20）。死亡率高达 60%～80%。耐过仔猪生长发育缓慢
育肥猪	体温突然升高到 41℃ 左右，全身皮肤发红，呈现厌食、双眼肿胀及轻度呼吸困难，少数表现咳嗽，双耳背面、边缘及尾部皮肤出现蓝紫色斑块（图 4-21），很少死亡

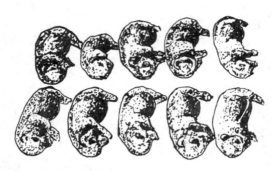

图4-18　猪繁殖与呼吸综合征：流产的胎儿

图4-19　猪繁殖与呼吸综合征：病猪体质衰弱，四肢外展

▶ 病理变化

病死猪肺脏出现弥漫性出血（图4-22），肺间质增宽，表面有灰白色坏死区域，呈红白相间的花斑状（图4-23），不塌陷，感染部位与正常组织界线不明显。淋巴结轻度肿大、出血，腹股沟和肺门淋巴结最明显。心包内和胸腔内有大量清亮的液体。

▶ 诊断要点

应根据临床表现、流行病学特点、剖检病变，并结

图 4-20 猪繁殖与呼吸综合征：
四肢皮肤出血斑

图 4-21 猪繁殖与呼吸综合征：
耳朵蓝紫色

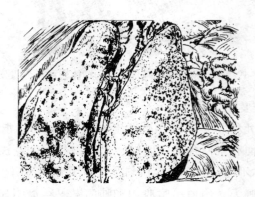

图 4-22 猪繁殖与呼吸综合征：肺脏弥漫性出血

合实验室诊断进行确诊。常用方法有酶联免疫吸附试验
和病原分离鉴定及 RT-PCR 检测。

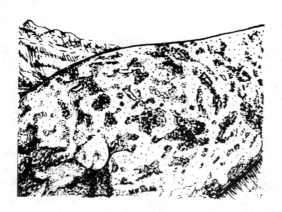

图 4-23　猪繁殖与呼吸综合征：肺脏呈花斑状

鉴别诊断

见表 4-4。

表 4-4　猪繁殖与呼吸综合征及猪其他疾病的鉴别诊断

类　　别	猪繁殖与呼吸综合征	猪细小病毒病	猪伪狂犬病	猪流感	日本乙型脑炎	非典型猪瘟
病　原	繁殖与呼吸综合征病毒	猪细小病毒	伪狂犬病病毒	猪流感病毒	乙型脑炎病毒	猪瘟病毒
流行特点	断乳仔猪和怀孕母猪多发，地方性流行，流产死胎较高	初产母猪多发，地方性流行或散发，流产死胎较高	断乳仔猪和怀孕母猪多发，地方性流行，仔猪死亡率高	怀孕母猪多发，地方性流行，母猪发病率高、死亡率低	怀孕母猪多发，高度散发，蚊虫季节多发、病死率低	怀孕母猪多发，地方性流行，母猪发病率高、死亡率高
临床症状	体温升高，呼吸症状明显，肢体末端发绀。母猪流产，产死胎、木乃伊胎、弱仔	母猪无症状，胎儿被吸收或产死胎、木乃伊胎和弱仔	母猪体温升高，呼吸困难，腹泻，神经症状，产死胎、木乃伊胎和弱仔	母猪体温升高，极度衰弱，嗜睡，痉挛性呼吸，产死胎、木乃伊胎和弱仔	母猪无症状，流产，产死胎、木乃伊胎，公猪睾丸炎	体温升高，呼吸症状明显，母猪流产，产死胎、木乃伊胎

（续）

类　别	猪繁殖与呼吸综合征	猪细小病毒病	猪伪狂犬病	猪流感	日本乙型脑炎	非典型猪瘟
病变特征	肺脏出血、间质性肺炎、淋巴结出血肿大	母猪子宫内膜炎，胎儿充血、出血、水肿	胃肠黏膜出血性炎症，肺炎，肺气肿	呼吸道充血、出血、间质性肺炎	脑脊髓充血、出血，流产胎儿脑水肿	流产胎儿水肿，腹腔积液，肺出血，肝坏死

▶ 预防

加强饲养管理，实行全进全出的生产方式，限制病猪与健康猪接触，保持猪场和猪舍良好的环境卫生，同时采用蓝耳病油乳剂灭活疫苗免疫接种。

▶ 治疗

本病尚无有效的治疗方法，给仔猪注射抗生素并配合支持疗法，可防止细菌继发感染，降低病死率。

（四）猪水疱病

猪水疱病是一种肠道病毒引起的猪的急性、热性、接触性传染病。临床特征是在病猪蹄部、鼻盘、腹部、口腔黏膜和哺乳母猪乳头周围皮肤发生水疱和烂斑。

▶ 病原特征

猪水疱病病毒抵抗力很强，5%氨水、复合氯制剂、复合酚类和0.5%~1%次氯酸钠消毒效果良好。

▶ 流行特点

不同年龄、性别、品种的猪均可感染，一年四季均可发生，在冬、春寒冷季节流行。本病传播很快，发病率不等，主要通过直接接触传播。

▶ 临床特征

病初猪体温升高至40~42℃，蹄冠、趾间、蹄踵出现一个或多个黄豆至蚕豆大的水疱，继而水疱融合扩大、破裂、出血，形成溃疡，露出鲜红的溃疡面（图4-24）。严重者溃疡融合扩大，病痛加剧，出现跛行。部分猪由于继发细菌感染而局部化脓，导致蹄壳脱落（图4-25）。仔猪多数病例鼻盘上发生水疱（图4-26）。病猪偶尔出现中枢神经紊乱。初生仔猪容易死亡。

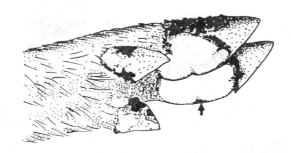

图4-24　猪水疱病：蹄壁水疱破溃出血

图4-25　猪水疱病：蹄部水疱
　　　　破溃，蹄壳脱落

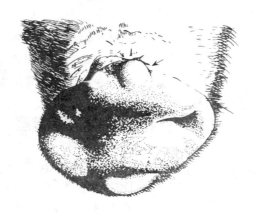

图4-26　猪水疱病：鼻盘水疱

病理变化

在病猪蹄部、鼻盘、唇、舌面和乳房出现水疱，水疱破溃后暴露创面，发生出血和溃疡（图4-27）。个别病死猪心肌上有条状出血斑纹，其他脏器无病变。

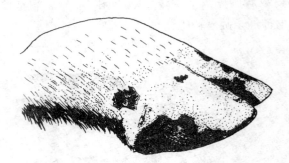

图4-27　猪水疱病：蹄冠部水疱破溃出血

诊断要点

根据本病流行特点、临床症状、病理变化，可做出初步诊断，确诊必须进行病毒分离鉴定、猪水疱病病毒单克隆抗体检测或聚合酶链式反应等。

预防

加强检疫，做好消毒工作。一旦发现病猪立即报告，及时封锁疫点、疫区，严格进行无害化处理。对疫区假定健康猪只和受威胁区的猪只，可采用被动免疫或疫苗接种。猪场猪只要定期免疫接种猪水疱病疫苗。

（五）非洲猪瘟

非洲猪瘟是猪的一种急性、高度接触性传染性疾病。病猪的主要特征是高热、皮肤发绀、淋巴结和内脏器官严重出血，死亡率高。

病原特征

非洲猪瘟病毒抵抗力不强，最有效的消毒剂是10%

苯酚，熏蒸消毒可用福尔马林。

▶ 流行特点

本病经呼吸道传播。传播媒介包括污染的饲料、饮水、用具、圈舍及软蜱。新疫区病势发展急速，发病率和死亡率都很高。我国还未发现该病，在引进种猪时应加强检疫。

▶ 临床特征

病猪体温突然上升到 41 ~ 42℃，持续 4 天，呼吸加快，伴发咳嗽，眼、鼻有浆液性或脓性分泌物，皮肤充血、发绀，尤其在耳、鼻、腹壁、尾、外阴、肢端等无毛或毛少处，呈不规则的瘀斑、血肿和坏死斑。怀孕母猪可发生流产。

▶ 病理变化

淋巴结严重出血，外观似血瘤。心包有大量积液，心内外膜有点状出血。肺小叶水肿，气管黏膜有瘀血斑，肝脏瘀血，脾脏肿大，部分猪脾脏出现小的暗红色三角形突起栓塞，肾脏有弥漫性出血。结肠浆膜、肠系膜水肿，呈胶样浸润。胃肠黏膜有斑点状或弥漫性出血或溃疡。

▶ 诊断要点

根据临床症状和病理变化可做出初步诊断，确诊需做酶联免疫吸附试验（ELISA）或猪接种试验。

▶ 防治

我国无本病发生，严禁从有病地区和国家进口种猪及其产品。

五、母猪繁殖障碍性疾病的防治

目标 ● 掌握猪伪狂犬病、细小病毒病、日本乙型脑炎、布鲁氏菌病、衣原体病、钩端螺旋体病、弓形虫病的基本特点、临床特征和防治方法。

（一）猪伪狂犬病

猪伪狂犬病是伪狂犬病病毒感染引起的多种动物共患的一种急性传染病。成年猪常为隐性感染，妊娠母猪感染后引起流产和死胎，断乳仔猪表现体温升高和神经症状，15日龄内的仔猪死亡率可达100%。

病原特征

伪狂犬病病毒只有一个血清型，但毒株间存在差异。该病毒对外界环境的抵抗力很强。许多脂溶性消毒剂能杀灭病毒。

流行特点

本病一年四季都可发生，但以冬、春两季和产仔旺季多发。病猪、带毒猪及带毒鼠类是本病的主要传染源。本病通过直接接触、空气和交配等传播。

临床特征

断乳仔猪最为敏感，常表现为神经症状，死亡率100%。主要表现为体温升高、腹泻、发抖、步态不稳、运动失调、流涎、颈部肌肉僵硬，倒地抽搐（图5-1），四肢做划水样运动，转圈、漫无目的地向前冲，或出现劈叉肢势（图5-2），或前肢呈八字形站立，后躯麻痹（图5-3），最后昏迷死亡。

育肥猪伴有体温升高和呼吸困难，一般不发生死亡。成年猪仅表现为体温轻微升高，不发生死亡。

母猪妊娠初期发生流产（图5-4）；妊娠后期产死胎和木乃伊胎（图5-5），或者产弱仔；流产率可达50%。

图5-1　猪伪狂犬病：猪抽搐症状

图5-2　猪伪狂犬病：出现
　　　　劈叉肢势

图5-3　猪伪狂犬病：病猪神经失调症状

图 5-4　猪伪狂犬病：流产的胎儿

图 5-5　猪伪狂犬病：木乃伊胎

种公猪睾丸肿胀、萎缩，丧失配种能力。

▶ 病理变化

　　病猪肺水肿，有小叶性间质性肺炎病变，扁桃体出现灰白色小坏死灶（图 5-6）。全身淋巴结肿胀、出血，肾布满针尖样出血点，胃底黏膜出血（图 5-7）。有神经症状的仔猪脑膜充血、出血和水肿，脑脊髓液增多（图5-8）。流产胎儿脑和臀部皮肤有出血点，肾和心肌出血，肝和脾有灰白色坏死灶，胎盘绒毛膜有凝固性坏死。

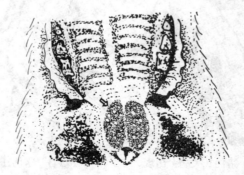

图 5-6　猪伪狂犬病：扁桃体灰白色小坏死灶

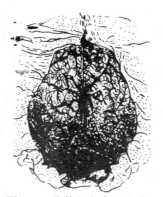

图 5-7　猪伪狂犬病：胃黏膜
　　　　出血性卡他

图 5-8　猪伪狂犬病：脑膜
　　　　充血、出血和水肿

▶ 诊断要点

根据病猪临床症状、流行病学资料分析，可做出初步诊断。确诊本病必须进行 ELISA 抗体试剂盒检测，或病毒分离鉴定及兔体接种试验。

▶ 鉴别诊断

见表 5-1。

表 5-1　猪伪狂犬病与猪其他疾病的鉴别诊断

类　别	猪伪狂犬病	猪链球菌性脑膜炎	猪水肿病	食盐中毒
病　原	伪狂犬病病毒	链球菌	大肠杆菌	食盐
流行特点	断乳仔猪多发，地方性流行，死亡率极高	哺乳仔猪多发，高度散发，死亡率高	断乳仔猪多发，哺乳仔猪散发，死亡率高	各种年龄的猪均发病，整群中毒，死亡率高
临床症状	咳嗽，呕吐，肌肉震颤，共济失调，抽搐，划动，昏迷	体温升高，步态僵硬，震颤，动作失衡，抽搐，麻痹，跛行	突然发病死亡，步态摇晃，共济失调，震颤，麻痹	失明，肌肉无力，反应迟钝，角弓反张，易摔倒
病变特征	坏死性扁桃体炎，肝脾白色坏死灶，肺气肿，肺炎	脑膜充血、水肿、出血，多发性、化脓性关节炎	腹部皮肤发红，眼睑、皮下、胃壁、肠系膜水肿	胃炎，胃溃疡，心内膜点状出血，肝肿大

▶ 预防

应从没有伪狂犬病的猪场引种，建立无病猪群，同时进行疫苗接种。目前常用的疫苗有基因缺失减毒活疫苗和基因缺失灭活疫苗。种猪场一般使用灭活苗，其他猪场可用基因缺失活疫苗。

▶ 治疗

本病无有效治疗药物，紧急情况下采用抗伪狂犬病高免血清治疗，可降低死亡率。

（二）猪细小病毒病

猪细小病毒病是由猪细小病毒引起的猪的一种繁殖障碍性疾病。本病以繁殖母猪妊娠早期胎儿死亡，妊娠后期出现流产、死胎及产木乃伊和发育不正常胎儿为特征。

▶ 病原特征

猪细小病毒对外界抵抗力极强，0.5%漂白粉、2%氢氧化钠可杀死该病毒。

▶ 流行特点

本病常见于初产母猪，一般呈地方流行性或散发。本病主要经呼吸道、消化道感染，也可经胎盘垂直传播。本病多发生于母猪产仔和交配后的一段时间，胚胎死亡率高达80%~100%。

▶ 临床特征

主要特征为母猪的繁殖障碍。感染母猪屡配不孕，或只产出少数仔猪，或产大部分死胎、弱仔及木乃伊胎等（图5-9）。怀孕10~30天感染，胚胎死亡，死亡胚胎被母体溶解、吸收；怀孕30~50天感染，主要产木乃伊胎；怀孕50~60天感染，多出现死胎；怀孕70天以上则正常产仔，但长期带毒排毒，不宜留作种用。

本病多见于初产母猪，母猪首次感染后可获得坚强

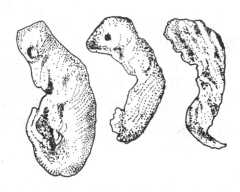

图 5-9　猪细小病毒病：母猪产的木乃伊胎

的免疫力，甚至可持续终生。

▶ **病理变化**

感染死亡的胎儿可见充血、水肿、出血、体腔积液、脱水（木乃伊化）等病变。大多数死胎、弱仔皮下充血或水肿，胸、腹腔积有淡红或淡黄色渗出液。肝、脾、肾有时肿大脆弱或萎缩发暗。

▶ **诊断要点**

如果初产母猪出现流产、死胎、胎儿发育异常等情况，应考虑细小病毒感染的可能性，确诊需要进行血清学诊断、病原学诊断。

▶ **鉴别诊断**

应注意与乙型脑炎、伪狂犬病、猪繁殖与呼吸综合征等引起的流产相区别。

▶ **预防**

坚持自繁自养，从未发生过本病的猪场引进种猪。同时进行疫苗接种，接种对象主要是初产母猪、第二胎经产母猪和种公猪。

▶ **治疗**

本病无特效治疗药物，应用对症疗法可以减少仔猪的死亡率，促进其康复。

（三）日本乙型脑炎

日本乙型脑炎又称流行性乙型脑炎，简称乙脑，是由流行性乙型脑炎病毒引起的一种人畜共患的蚊传病毒性疾病。病猪主要表现为母猪高热、流产、产死胎和公猪睾丸炎。

▶ 病原特征

乙脑病毒抵抗力不强，常用的消毒药碘酊、来苏儿、甲醛等都能将其迅速灭活。

▶ 流行特点

本病为人畜共患自然疫源性传染病，猪感染最为普遍，常常由于媒介蚊虫叮咬而造成猪－蚊－猪的循环传播，这是本病的主要传播方式。在我国主要发生在7、8、9三个月内，具有高度散发的特点。

▶ 临床特征

突然发病，育肥猪和仔猪表现体温升高达40~41℃，呈稽留热，病猪后肢轻度麻痹，步态不稳，或后肢关节肿胀疼痛而跛行。仔猪出现神经症状，如磨牙、口流白沫、转圈运动、视力障碍、盲目冲撞、倒地不起而死亡。

母猪、怀孕初产母猪无明显临床症状，只有母猪流产或分娩时才发现产死胎、畸形胎或木乃伊胎等症状（图5-10），特征是同一胎流产胎儿在大小及病变上有很大差别，小的如人的拇指，大的和正常胎儿无多大差别。胎儿呈现各种木乃伊状，有的胎儿正常发育，但高度衰弱，并有震颤、抽搐、癫痫等神经症状，产出后即死亡。

公猪常发生睾丸炎，多为单侧性，呈不对称肿大、下坠（图5-11），初期睾丸肿胀，触诊有热痛感，后期炎症消退，睾丸萎缩变硬（图5-12），精液品质下降，失去配种能力。

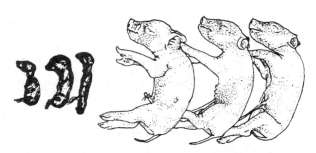

图 5-10　猪日本乙型脑炎：母猪产死胎和木乃伊胎

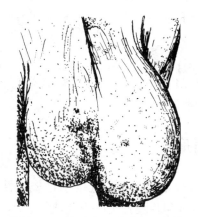

图 5-11　猪日本乙型脑炎：公猪
睾丸不对称肿胀

图 5-12　猪日本乙型脑炎：公猪
睾丸肿胀，萎缩变硬

➤ 病理变化

　　流产胎儿多为死胎，且大小不一、黑褐色、干缩而硬固。死胎的主要病变是脑水肿，脑膜和脊髓膜充血，部分仔猪出现脑严重萎缩，大脑实质呈豆腐渣样。公猪睾丸发炎肿大，切面明显充血和坏死（图5-13），可见鞘膜与白膜之间常有多量的积液。

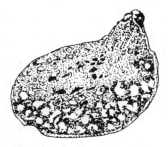

图 5-13　猪日本乙型脑炎：公猪
睾丸切面充血和坏死

诊断要点

根据本病明显的季节性,母猪发生流产、死胎、木乃伊胎和公猪睾丸一侧性肿大等特征,可做出初步诊断。确诊必须进行病毒分离鉴定和荧光抗体试验。

鉴别诊断

应注意猪繁殖与呼吸综合征、伪狂犬病、细小病毒病等相鉴别。

预防

消灭蚊虫是消灭乙型脑炎的根本办法。目前主要采用乙脑弱毒疫苗进行接种,注意疫苗接种必须在流行季节前使用才有效。

治疗

本病目前没有特效治疗药物,可根据实际情况进行对症治疗和抗菌药物治疗。

(四) 猪布鲁氏菌病

猪布鲁氏菌病是由猪布鲁氏菌引起的急性或慢性传染病,其特征是生殖器官和胎膜发炎,引起流产、不育。母猪发生子宫炎、跛行和不孕症,公猪发生睾丸炎和附睾炎。

病原特征

猪布鲁氏菌对热和大多数消毒药敏感,0.1%升汞、1%来苏儿、2%福尔马林、5%生石灰乳可杀死该菌。

流行特点

本病以散发为主,通过交配、人工授精、消化道、损伤的皮肤和黏膜等途径传播。5月龄以下的猪易感性较低,第一胎母猪发病率高。

临床特征

怀孕母猪主要症状是流产,多发生在怀孕的 4～12

周，流产胎儿多为死胎，死胎胎膜上出现大量散在性出血点（图5-14），少数母猪可发生胎衣不下及子宫炎。

公猪主要症状是有睾丸炎和附睾炎，一侧或两侧睾丸无痛性肿大（图5-15）；后期睾丸发生萎缩、硬化，失去配种能力。病猪关节发炎，以后肢较为常见。

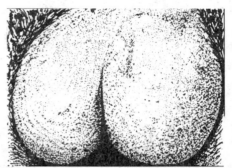

图5-14　猪布鲁氏菌病：流产的死胎胎膜上有散在性出血点

图5-15　猪布鲁氏菌病：病猪睾丸肿大

病理变化

流产母猪的子宫黏膜充血、肿胀，蓄积黏稠的脓汁，表现为黏膜化脓性炎症（图5-16），可见许多针头大至

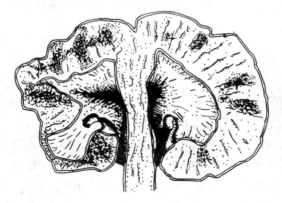

图5-16　猪布鲁氏菌病：子宫黏膜化脓性炎症

图5-17　猪布鲁氏菌病：子宫死胎皮肤水肿

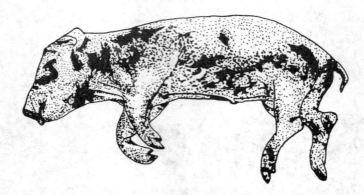

图 5-18　猪布鲁氏菌病：死胎皮肤上出现散在的出血斑点

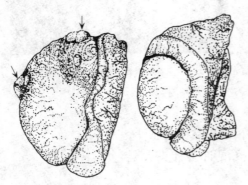

图 5-19　猪布鲁氏菌病：睾丸
　　　　　结节状肉芽肿

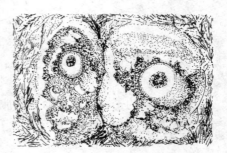

图 5-20　猪布鲁氏菌病：关节浆液
　　　　　性纤维素性炎症

芝麻大的小结节，结节的中央含有脓液或干酪样物质。流产胎儿和母猪子宫内死胎皮肤水肿（图5-17），皮肤上出现散在的出血斑点（图5-18）。公猪的睾丸和附睾出现坏死灶和肉芽肿结节（图5-19），睾丸切面可见坏死灶和化脓灶。有时可见关节炎、化脓性腱鞘炎和滑液囊炎，表现为关节浆液性纤维素性炎症，关节腔内积有大量浆液和纤维蛋白团块（图5-20）。

诊断要点

根据怀孕母猪流产、公猪睾丸炎和病猪发生关节炎以及胎盘、子宫黏膜的变化，可以初步诊断。确诊需要进行细菌学检查、血清学检查和豚鼠接种试验。

鉴别诊断

见表 5-2。

预防

定期检疫，淘汰阳性猪，净化猪群。种猪场坚持自

表 5-2　猪布鲁氏菌病与猪其他疾病的鉴别诊断

类别	猪布鲁氏菌病	猪细小病毒病	猪伪狂犬病	猪繁殖与呼吸综合征	日本乙型脑炎	猪衣原体病
病原	猪布鲁氏菌	猪细小病毒	伪狂犬病病毒	繁殖与呼吸综合征病毒	乙型脑炎	鹦鹉热衣原体
流行特点	初产母猪多发，地方性流行或散发，流产死胎率较高	初产母猪多发，地方性流行或散发，流产死胎率较高	断乳仔猪和怀孕母猪多发，地方性流行，仔猪死亡率高	断乳仔猪和怀孕母猪多发，地方性流行，流产死胎率较高	怀孕母猪多发，高度散发，蚊虫季节多发，病死率低	初产母猪多发，地方性散发，流产死胎率较高
临床症状	母猪少症状，流产，流产死胎的胎膜有散在出血点	母猪无症状，胎儿被吸收或出现死胎、木乃伊胎及弱仔	母猪体温升高，呼吸困难，腹泻，神经症状，产出死胎、木乃伊胎及弱仔	体温升高，呼吸症状明显，肢体末端发绀，母猪流产，产出死胎、木乃伊胎及弱仔	母猪无症状，流产，产出死胎、木乃伊胎；公猪睾丸炎	母猪无症状，早产，流产，产死胎、干尸化；公猪睾丸炎
病变特征	子宫内膜炎，胎儿皮下水肿，散在出血点	母猪子宫内膜炎，胎儿充血、出血、水肿	胃肠黏膜出血性炎症，间质性肺炎，肺气肿	肺脏出血，间质性肺炎，淋巴结出血，肿大	脑脊髓充血、出血，流产胎儿脑水肿	流产胎儿全身水肿，头、颈和四肢出血，肝出血

繁自养，加强兽医卫生和防疫管理。同时选用猪布鲁氏菌2号弱毒冻干菌苗进行预防接种。

▶ 治疗

由于本病可以感染人和其他动物，因此一旦发现，坚决淘汰，不提倡治疗。从业人员应加强个人防护。

（五）猪衣原体病

猪衣原体病是由鹦鹉热衣原体引起的一种人畜共患传染病。一般表现为隐性感染或潜在性经过，在外界因素的影响下，表现为流产、肺炎、结膜炎、多发性关节炎和脑膜炎等。

▶ 病原特征

鹦鹉热衣原体是一种革兰氏阴性细胞内寄生菌，对外界环境的抵抗力不强，0.1%福尔马林、0.5%石炭酸、70%酒精均能很快将其杀死。

▶ 流行特点

猪衣原体病发病无季节性，一般呈散发或地方性流行，主要通过空气尘埃传播，也可通过摄入污染的食物或交配感染。不同年龄、不同品种的猪群均可感染本病，母猪和新生仔猪更为敏感。

▶ 临床特征

猪感染本病后多表现隐性经过，有时病猪体温升高，出现肺炎或关节炎。病猪咳嗽，呼吸急促，一个或多个关节肿大，跛行，有疼痛感。部分病猪出现结膜炎，表现眼结膜充血、发红，怕光，流泪，眼分泌物增多。各种年龄的病猪均表现有脑炎症状，兴奋，尖叫，盲目冲撞或转圈，严重者倒地，四肢呈游泳状划动，最后死亡。致死性感染往往发生在青年猪中。

流产多发生在初产母猪，流产率可达40%以上。怀孕母猪均无流产预兆，突然发生流产、早产、产死胎或产弱仔。流产多发生在怀孕后期，所产胎儿多为死胎或干尸化。

病理变化

以肺部病灶为主，分布在肺的后下部，病灶呈不规则凸起，质地硬实并连成片，往往扩散到肺组织深部，病变界限明显。支气管淋巴结肿大，滑液囊和关节软骨膜发炎。流产胎儿，木乃伊化胎儿及所产死胎或弱胎全身水肿，头颈和四肢出血，肝出血、肿大。

诊断要点

猪衣原体感染的临床症状不明显，但必须考虑引起肺炎、多发性关节炎和肠炎、怀孕后期流产、死胎或木乃伊胎以及公猪睾丸炎的可能病因。确诊必须依赖病原学检查。

预防

建立种猪群饲养系统，防止疫源性衣原体侵入猪群。建立严格的卫生消毒制度。建立和实施猪群的衣原体疫苗免疫计划。

治疗

本病原体对链霉素、制霉菌素、新霉素、万古霉素及磺胺类药物不敏感，但对四环素、强力霉素、土霉素、红霉素、麦迪霉素、金霉素、泰乐菌素、螺旋霉素等敏感，可考虑用于猪衣原体病的预防和治疗，要注意合理交替用药。

（六）猪钩端螺旋体病

钩端螺旋体病是致病性钩端螺旋体引起的一种人畜共患传染病，我国长江流域发病最多。以发热、黄疸、血红蛋白尿、流产、水肿甚至死亡为特征。

病原特征

致病性钩端螺旋体呈螺旋状，能摆动、旋转和屈曲，有 63 个血清型，对多种消毒药物敏感，5%来苏儿、1%漂白粉、石炭酸等能将其杀死。

流行特点

本病可发生于各种年龄的猪，一年四季均可发病，以 6~9 月最为常见，主要通过消化道黏膜、子宫内感染。

临床特征

1.**急性黄疸型**　多发生于大猪和中猪。病猪体温升高，厌食，全身皮肤和黏膜泛黄，尿浓稠，血尿，便秘与腹泻交替出现，有时突然死亡，病死率高。

2.**亚急性和慢性型**　常见于断奶前后的仔猪。体温升高，眼结膜浮肿或发黄。病猪头部、颈部、上下颌甚至全身水肿，指压凹陷，俗称"大头瘟"。尿液变黄，呈茶尿或血尿，具有刺鼻的腥臭味。病猪逐渐消瘦、衰竭。恢复猪发育不良，有的成为僵猪。

怀孕母猪流产、产死胎，流产率 20%~70%。流产的胎儿有死胎、木乃伊胎和弱仔。

病理变化

皮肤、皮下组织、浆膜、黏膜有不同程度的黄染，膀胱内有血红蛋白尿和浓茶样胆色素尿。肝肿大、黄棕色，胆囊肿大。淋巴结肿大、出血。水肿型病例在上下颌、头颈、背和胃壁等部位出现水肿。

诊断要点

根据流行特点、临床症状及病理变化，一般可作出初步诊断。确诊需进行病原学诊断和血清学检查。

预防

做好公共卫生工作，保护水源不受污染，消灭老鼠，有计划地预防接种，检疫并及时隔离病猪，搞好环境卫生，定期消毒。

▶ 治疗

钩端螺旋体对链霉素和土霉素等抗生素敏感，发现感染时立即全群投药治疗，连喂 7 天。怀孕母猪产前 1 个月连续饲喂土霉素，可防止流产。

（七）猪弓形虫病

弓形虫病是一种世界性分布的人畜共患的原虫病。各种家畜中以猪的感染率最高，在养猪场中可以突然大批发病，死亡率高达 60% 以上。因此，本病给人畜健康和畜牧业带来很大的危害和损失。

▶ 病原特征

弓形虫在发育的不同阶段、在不同动物中寄生位置和形态各不相同。在中间宿主的各种组织细胞中有速殖子和包囊两种形态，在终末宿主猫的肠上皮细胞内有裂殖体、配子体和卵囊三种形态。

▶ 流行特点

本病主要侵害 3~5 月龄的仔猪，发病没有严格的季节性，但秋、冬季和早春发病率高。本病主要通过消化道感染，猪常因为采食被污染的饲料或饮水而感染。母猪感染本病以后，经胎盘垂直感染后代。猫是本病的重要传染源之一。此外，速殖子可通过损伤的皮肤、黏膜进入畜体内而引起感染。

▶ 临床特征

病猪体温升高到 40.5~42℃，呈稽留热，鼻孔有浆液性、黏液性或脓性鼻涕流出，严重时呼吸困难，病猪张口呼吸（图 5-21），全身发抖。病猪初期便秘，后期下痢，排水样或脓性恶臭粪便。腹股沟淋巴结明显肿大，身体下部或耳部出现瘀血斑，病重者于发病 1 周左右死亡。怀孕母猪感染后，往往发生早产或流产，母猪分娩

图 5-21　猪弓形虫病：病猪张口呼吸，
皮肤瘀血斑

以后自愈。

▶▶ 病理变化

　　病猪主要表现为肠系膜淋巴结髓样肿大，呈绳索状，多数有针尖到米粒大、灰白色或灰黄色坏死灶或出血点。肺门淋巴结、肝门淋巴结等肿大 2～3 倍，切面可见大小不等的灰白色坏死灶（图 5-22）；肺严重瘀血，有不同程度水肿，小叶间质增宽，小叶间质内充满半透明胶冻样渗出物（图 5-23）；肝脏呈灰红色，散在针尖大到米粒大的坏死灶；脾脏明显肿大、瘀血（图 5-24），棕红色；肾脏显著瘀血、肿大、呈紫红色，散在小点状出血或坏死灶，在肾皮质与髓质交界处，瘀血尤为严重（图 5-25）；心包、胸腹腔有积液；体表出现紫斑。

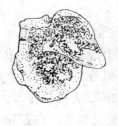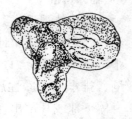

图 5-22　猪弓形虫病：肝门淋巴结肿大，坏死

诊断要点

根据流行特点、临床症状及病理变化，一般可作出初步诊断。确诊需进行病原学诊断和血清学检查。取肺、肝、淋巴结等做涂片标本，姬姆萨或瑞氏染色检查，发现月牙形或梭形、单个游离或寄生于细胞中的虫体（图5-26），即可确诊。其中肺脏的涂片因背景清晰，检出率较高。

预防

保持圈舍清洁，定期消毒。防止猫及其排泄物污染畜舍、饲料和饮水等，消灭老鼠。肉食品要充分煮熟后食用。加强家猫饲养管理，儿童、孕妇不要与猫频繁接触。

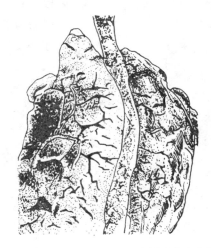

图 5-23　猪弓形虫病：肺脏严重瘀血水肿

图 5-24　猪弓形虫病：脾脏瘀血肿大

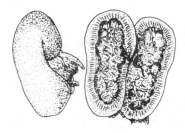

图 5-25　猪弓形虫病：肾脏瘀血肿大

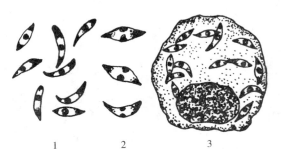

1　　　　2　　　　3

图 5-26　猪弓形虫病：滋养体形态

1.单个游离　2.分裂中　3.寄生于细胞中

> ### ▶ 治疗

　　发病初期可用磺胺类药物治疗，若与抗菌增效剂合用，疗效更好。

六、猪呼吸障碍性疾病的防治

目标 ● 掌握猪肺疫、猪气喘病、猪传染性胸膜肺炎、猪传染性萎缩性鼻炎、副猪嗜血杆菌病、猪流行性感冒的基本特点、临床特征和防治方法。

(一) 猪肺疫

猪肺疫是由多杀性巴氏杆菌引起的猪的急性呼吸系统传染病。病猪表现为体温升高、呼吸困难、咳嗽等临床症状，多呈现败血症和炎性出血。

▶ 病原特征

多杀性巴氏杆菌[①]为革兰氏阴性细菌，感染猪的主要为1、2、5型。本菌抵抗力不强，常用的消毒药均有效。

▶ 流行特点

本病一年四季均可发生，但以气候突变、潮湿、多雨季节发生较多，一般散发，有时可呈地方性流行。不同年龄的猪都易感。

▶ 临床特征

见表6-1。

▶ 病理变化

1.**最急性型** 全身黏膜、浆膜和皮下组织有出血点，尤以喉头及周围组织的出血性水肿为特征。切开颈部皮

①多杀性巴氏杆菌：根据荚膜抗原（K抗原），分为A、B、D、E、F等5个血清型；根据菌体抗原（O抗原），分为12个菌体型，将二者组合，分成15个血清型。

表 6-1　猪肺疫的临床特征

疾病类型	主 要 症 状
最急性型	发病突然，死亡快，不易观察临床症状。病程稍长者体温升高，呼吸困难，心跳加快，黏膜发绀，咽喉部红肿、坚硬，皮肤有红斑，死亡率 100%
急性型	体温 40～41℃，呼吸困难，张口呼吸（图 6-1）。初期便秘，后期腹泻，皮肤有出血斑和出血点。病猪消瘦，心脏衰竭，大多数窒息而死
慢性型	慢性肺炎，持续性的咳嗽和呼吸困难，鼻流黏液性或脓性分泌物，常有腹泻。进行性消瘦，病程 2 周以上，死亡率 60% 左右

肤，有大量胶冻样淡黄或灰青色纤维性渗出液。全身淋巴结出血，肺水肿，心外膜和心包膜有出血点。

2.急性型　特征是纤维素性肺炎，主要表现为气管、支气管内有大量泡沫黏液，肺脏急性瘀血、水肿，呈暗红色，小叶间质增宽，散在紫红色出血斑块（图6-2）；肺有不同程度红色或暗红色肝变区（图6-3），周围伴有气肿和水肿，病程长的肝变区内常有坏死灶，有时出现散在局灶性化脓灶（图6-4），肺小叶间浆液

图 6-1　猪肺疫：病猪张口呼吸

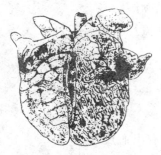

图 6-2　猪肺疫：肺瘀血，水肿

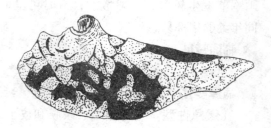

图 6-3　猪肺疫：病肺红色肝变区

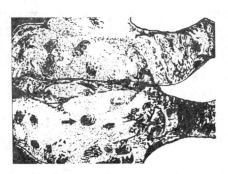 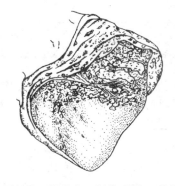

图 6-4　猪肺疫：肺部散在局灶性化脓灶　　图 6-5　猪肺疫：纤维素性心囊炎

性浸润，肺切面呈大理石样外观。胸膜有纤维素性附着物，胸膜与病肺、心脏粘连（图 6-5），胸腔及心包积液。

3.慢性型　肺脏实变区较大，并有灰色或黄色坏死灶，胸膜有纤维素附着物，肺脏与胸膜粘连，肋膜增厚。

▶ 诊断要点

根据本病临床特征，一般可作出诊断。确诊需要进行细菌分离培养鉴定，发现典型的巴氏杆菌即可。

▶ 鉴别诊断

见表 6-2。

表 6-2　猪肺疫与猪其他疾病的鉴别诊断

类别	猪肺疫	猪气喘病	猪传染性胸膜肺炎	猪传染性萎缩性鼻炎
病原	猪巴氏杆菌	猪肺炎支原体	胸膜肺炎放线菌	支气管败血波氏杆菌
流行特点	多发生于哺乳仔猪，地方性流行，发病率高，死亡率高	多发生于哺乳仔猪，地方性流行，病死率高	各种年龄猪均发病，地方性流行，发病率高，死亡率高	多发生于哺乳仔猪，地方性流行或散发，病死率低
临床症状	咽喉部肿胀，呼吸困难，张口呼吸，皮肤红斑	反复干咳，呼吸困难，呈犬坐式呼吸，阵发性咳嗽	体温升高，轻度腹泻和呕吐，末端皮肤蓝紫色，呼吸困难	咳嗽，打喷嚏，鼻漏，眼角泪斑，鼻歪斜，呼吸困难，张口呼吸

（续）

类别	猪肺疫	猪气喘病	猪传染性胸膜肺炎	猪传染性萎缩性鼻炎
病变特征	皮下胶冻样渗出物，纤维素性肺炎，胸膜与肺粘连	肺心叶、尖叶、中间叶、膈叶出现对称性虾肉样变	气管血色黏液，出血性纤维素或纤维素坏死性胸膜肺炎	鼻甲骨萎缩，鼻黏膜有黏浓性或干酪样分泌物

▶ 预防

加强饲养管理，定期消毒，消除环境应激因素，对新引进的猪隔离后再合圈。

免疫接种：可用猪肺疫弱毒苗、猪肺疫灭活苗和猪肺疫口服弱毒疫苗进行免疫，也可用猪丹毒 - 猪肺疫二联苗或猪瘟 - 猪丹毒 - 猪肺疫三联苗进行接种。

对病猪严密隔离治疗，对尚未发病的猪应用抗血清紧急预防，或抗生素或磺胺等药品预防，待疫情过后，再用菌苗注射免疫。

▶ 治疗

见表6-3。

表6-3　猪肺疫的治疗

常用药物	用法和用量
青霉素 链霉素	每千克体重1万单位，肌内注射（2次/天） （发病后36小时内药敏试验筛选敏感药物，抗生素和高免血清联合，效果显著）
土霉素	每千克体重20毫克，肌内注射（2次/天）
环丙沙星	每千克体重2~5毫克，肌内注射（2次/天）
地塞米松 维生素C	5~10毫克，肌内注射 0.5~2.0克，肌内注射
抗猪肺疫高免血清	仔猪20~30毫升，育肥猪40~60毫升，成年猪60~100毫升，肌内注射（2次/天）

（二）猪气喘病

猪气喘病又称猪支原体肺炎或地方流行性肺炎，是由猪肺炎支原体引起的一种接触性慢性呼吸道传染病，临床上以咳嗽、气喘和呼吸困难为特征。

▶ 病原特征

猪肺炎支原体对外界的抵抗力不强，常用的消毒药对其都有效。

▶ 流行特点

不同年龄、性别和品种的猪均能感染。乳猪和断奶仔猪最易感，发病率和死亡率较高；其次是妊娠后期和哺乳期的母猪。本病通过呼吸道感染，一年四季均可发生，在寒冷的冬季发病较多。

▶ 临床特征

本病主要症状是咳嗽，随后出现喘气和呼吸困难，分为急性、慢性和隐性三个类型。

1.急性型 主要见于新疫区和新感染的猪群，以母猪和仔猪多见。病猪呼吸困难，甚至张口呼吸，严重者张口喘气，口鼻流泡沫，并有喘鸣声，似拉风箱，呈犬坐姿势（图6-6），有时会发生痉挛性阵咳，死亡率很高。

图6-6 猪气喘病：病猪气喘，呈犬坐姿势

2.慢性型 常见于老疫区的育肥猪和后备母猪，主要症状是顽固性咳嗽和气喘，随着病情加剧出现呼吸困难和喘气，呈典型的腹式呼吸。病猪体温不高，病程2~3个月或以上。

3.隐性型 主要见于成年育肥猪，症状不明显，仅有轻度的气喘和咳嗽症状。

> **病理变化**

病变主要在肺脏和淋巴结。两侧肺脏的心叶、尖叶和膈叶前下部可见融合性间质性肺炎，病变呈两侧肺叶对称分布（图6-7），质地硬实，与正常肺组织界限明显，病变呈灰红色或淡红色，俗称"肉变"（图6-8）。切面多汁，组织致密，气管和支气管内有多量黏性泡沫样分泌物。病程较长的病例，病变颜色变深，呈浅蓝色、深紫红色、灰白色或灰黄色等多色彩实变区（图6-9），俗称"胰变"或"虾肉变"。肺门淋巴结和纵隔淋巴结肿大，呈灰白色，切面湿润。

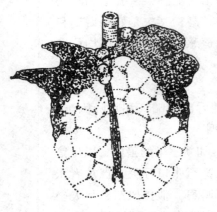

图6-7 猪气喘病：间质性肺炎

图6-8 猪气喘病：肺肉变与气肿

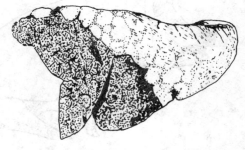

图6-9 猪气喘病：病猪肺呈多色彩实变区

▶ 诊断要点

根据临床特征和肺脏特征性病变，一般可作出诊断。确诊必须进行肺部 X 线检查、支原体检查和血清学检查。

▶ 预防

培养健康猪群是消灭本病最根本的办法。坚持自繁自养，杜绝病原进入。必须引进种猪时，应严格隔离检查，确认无本病时方可混群。

▶ 治疗

见表 6-4。

表 6-4　猪气喘病的治疗

常用药物	用　法　和　用　量
泰妙菌素	预防用药，50 克/吨，饮水或拌料，连续 10～14 天（提倡联合用药或交替用药）
氟苯尼考	每千克体重 20 毫克，肌内注射（2 次/天），连用 3～5 天
壮观霉素	每千克体重 20～25 毫克，肌内注射（2 次/天），连用 3～5 天
盐酸土霉素	每千克体重 50～100 毫克，肌内注射（2 次/天），连用 5～7 天

（三）猪传染性胸膜肺炎

猪传染性胸膜肺炎是由胸膜肺炎放线杆菌引起的一种呼吸道传染病，以急性出血性纤维素性胸膜肺炎和慢性纤维素性坏死性胸膜肺炎为特征。

▶ 病原特征

胸膜肺炎放线杆菌是革兰氏阴性细菌，分为 12 个血清型，我国以 5 型和 7 型居多。本菌抵抗力不强，一般消毒药可将其杀灭。

▶ 流行特点

以 2～5 月龄仔猪最易感染，初次发病猪群的发病率和死亡率较高。本病有明显的季节性，一般在 4～5 月份和 9～11 月份发病。病菌通过空气飞沫传播。

▶ 临床特征

1.急性型 突然发病，一些病猪死前没有明显的症状。病猪体温升高，鼻盘、眼、耳后和后躯皮肤发红或发绀。晚期出现严重呼吸困难，一般在 1～2 天内死亡。部分病猪死前嘴和鼻孔流出带血的泡沫和黏液（图6-10）。

图6-10 猪传染性胸膜肺炎：病猪死嘴和鼻孔流出带血的泡沫和黏液

2.亚急性型 体温升高至 40.5～42℃，皮肤发红或发绀，部分出现紫斑。病猪呈犬坐姿势，张口呼吸，如不及时治疗，常于 1～2 天内窒息死亡。

3.慢性型 多数猪感染后临床症状较轻，一般呈慢性经过。

▶ 病理变化

多数病猪表现为两侧性肺炎病变，肺泡和间质水肿（图6-11），肺充血和出血，呈现出血性炎症（图6-12），在肺的心叶、尖叶和膈叶出现病灶，肺组织呈紫红色，切面似肝组织，肺间质增宽，内充满血色胶样液体。肺炎区出现纤维素性附着物，并有黄色渗出物渗出，呈现出血性纤维素性炎症（图6-13），肺门淋巴结肿大，气管、支气管内充满带血的泡沫和黏性渗出物。慢性病例纤维素性胸膜炎可蔓延整个肺脏，使肺与胸膜粘连，可见到硬实的肺炎区，表现坏死性炎症。肺断面出现红色肝变区、灰红色肝变区和无结构灰白色坏死区（图6-14），表面有结缔组织化的黏性附着物，肺炎病灶硬结，或为坏死性病灶。有时可见纤维素性渗出物包裹心脏，形成纤维素性心囊炎（图6-15）。

 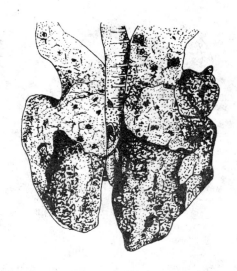

图 6-11　猪传染性胸膜肺炎：肺水肿　　图 6-12　猪传染性胸膜肺炎：肺出血性炎症

图 6-13　猪传染性胸膜肺炎：肺出血性纤维素性炎症

▶ 诊断要点

　　根据临床特征和肺脏特征性病变，一般可作出诊断。
确诊必须进行细菌分离鉴定和血清学检查。

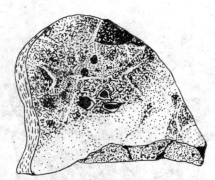

图 6-14 猪传染性胸膜肺炎：
肺坏死性炎症

图 6-15 猪传染性胸膜肺炎：
纤维素性心囊炎

▶ 预防

加强饲养管理，保持良好的通风和适宜的湿度；对养猪场进行严格消毒；同时采用本地分离的致病菌株研制自家苗进行接种，可收到良好的预防效果。

▶ 治疗

氟苯尼考、克林霉素、氨苄青霉素、四环素、土霉素、链霉素等药物对该病均有一定疗效。由于该菌易产生耐药性，治疗时最好根据药敏试验选择性用药。配合使用糖皮质激素药和维生素类药，疗效更佳。

（四）猪传染性萎缩性鼻炎

猪传染性萎缩性鼻炎是由支气管败血波氏杆菌引起的猪的一种慢性呼吸道传染病，主要表现为鼻炎、鼻梁变形、鼻甲骨萎缩，临床上常见打喷嚏、鼻塞、颜面部变形或歪斜等症状。

▶ 病原特征

支气管败血波氏杆菌为革兰氏阴性细菌。本菌抵抗力不强，常用的消毒药对其有效。

▶ 流行特点

任何年龄的猪都可感染本病，仔猪最易感染。由于本病呈慢性经过，故出现特征性临床症状的发病猪年龄一般较大。本病通过呼吸道传播，多呈散发性。

▶ 临床特征

病猪常见鼻炎，表现不安，摇头拱地，搔抓或摩擦鼻部。吸气困难，严重时呈张口呼吸。常见从鼻孔流出黏液性、出血性或脓性带血的分泌物（图6-16）。特征性的症状是在内眼角下部皮肤由于鼻泪管阻塞和结膜炎不断流泪，形成半月形泪痕，称作"黑斑眼"。

鼻炎之后出现鼻甲骨萎缩，使鼻腔和面部变形，这是本病的特征症状。当两侧鼻甲骨萎缩相当时，外观鼻缩短，向上翘起，下颌伸长，上下门齿错开，不能咬合。若一侧鼻甲骨严重萎缩时，鼻向另一侧歪斜（图6-17），病猪两眼间距离缩小。

▶ 病理变化

本病的主要病变在鼻腔及邻近组织，特征性变化为

图6-16 猪传染性萎缩性鼻炎：病猪从
　　　　鼻孔流出脓性带血的分泌物，
　　　　出现"黑斑眼"

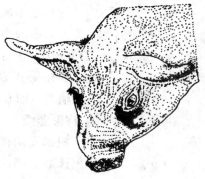

图6-17 猪传染性萎缩性鼻炎：
　　　　鼻弯向一侧

鼻中隔变形、鼻甲骨萎缩（图 6-18）。常见鼻甲骨下卷曲部萎缩，严重时鼻甲骨消失，鼻中隔弯曲，致鼻腔成为一个鼻道。有的下鼻甲消失，只留下小块黏膜皱褶附在鼻腔外侧壁上。有时鼻甲骨、鼻腔和鼻黏膜附有黏性、脓性至干酪样渗出物。鼻窦黏膜充血，窦内充满脓性渗出物。乳猪主要发生肺炎，在肺的尖叶、心叶和膈叶背侧见有炎症、气肿和水肿；其次是鼻窦充血。

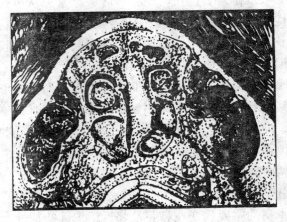

图 6-18　猪传染性萎缩性鼻炎：鼻中隔变形，鼻甲骨萎缩

剖检是本病比较可靠的诊断方法之一。常在两侧第一、二对前臼齿连线上将鼻腔横断锯开，观察鼻甲骨形态和变化。正常时明显地分上下两个卷曲，像钝的鱼钩状，鼻中隔正直；当鼻甲骨萎缩时，卷曲变小而钝直，甚至消失（图 6-19）。

▶ 诊断要点

根据发病特点、特征性症状和病理变化，一般可以作出诊断。确诊必须进行 X 线检查、细菌分离鉴定和血清学检查。

▶ 预防

培育健康猪群是消灭本病的根本方法。加强检疫，

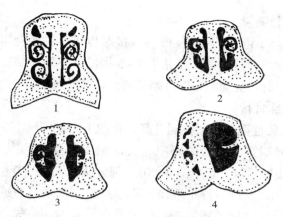

图 6-19　猪传染性萎缩性鼻炎：鼻腔横断面

1.鼻甲骨正常状态　2.腹侧鼻甲骨萎缩消失　3.背侧腹侧鼻甲
骨萎缩消失　4.右侧鼻甲骨萎缩消失，左侧鼻腔呈半阻塞状

不从疫区引进猪只。对断奶仔猪实行"全进全出"的饲养管理方式。在流行严重的地区，给初生仔猪注射高免血清或弱毒菌苗，可减少仔猪的发病。

▶ **治疗**

　　本菌对链霉素、盐酸土霉素、金霉素等敏感。根据药敏试验，选择敏感药物治疗，效果更理想。

（五）副猪嗜血杆菌病

　　副猪嗜血杆菌病又称纤维素性浆膜炎和关节炎，是由副猪嗜血杆菌引起猪的一种急性呼吸道传染病。临床表现为发热、厌食、呼吸困难、跛行、关节肿胀、共济失调、疼痛等。

▶ **病原特征**

　　副猪嗜血杆菌是革兰氏阴性细菌，有 15 个以上血清型，其中血清型 5、4、13 最为常见。该菌对外界抵抗能力弱，一般消毒剂都有杀灭作用。

▶ 流行病学

本病主要通过空气或直接接触传播，主要侵害断奶前后和保育阶段的架子猪，5～8周龄猪多发。病毒性疾病发生时，会加剧和促进副猪嗜血杆菌的感染。

▶ 临床症状

1.急性型 病猪体温升高，食欲下降或厌食不吃，咳嗽，呼吸困难，腹式呼吸，皮肤瘀血，耳部、腹下部、四肢皮肤呈紫红色（图6-20）；部分病猪发生关节炎，关节肿胀、发热，行走缓慢或不愿站立，出现跛行或一侧性跛行，多见于腕关节、跗关节；严重的共济失调，临死前侧卧或四肢呈划水样。

图6-20　病猪呼吸困难，皮肤末端瘀血，呈紫红色

（陈怀涛.兽医病理学原色图谱.2008）

2.慢性型 多见于保育猪。主要表现食欲下降，咳嗽，呼吸困难，四肢无力或跛行，生长不良，甚至衰竭而死亡。

▶ 病理变化

主要表现多发性纤维素性或浆液性、纤维素性浆膜炎和关节炎。胸腔内有大量的淡红色液体及纤维性渗出物凝块，心脏和肺脏表面覆有大量纤维素渗出物与胸膜粘连（图6-21）。心包膜内有奶酪样渗出物，心包膜与心脏严重粘连，不能分离。肺肿胀、出血、瘀血，表面多处有化脓性病灶。腹水增多，腹膜也有纤维蛋白渗出物，肝脏、脾脏也可见纤维素性渗出物，这些现象常以不同组合出现，较少单独存在。腕关节和跗关节肿大，有波动感，关节腔内有红色渗出液或胶冻样渗出物（图6-22）。

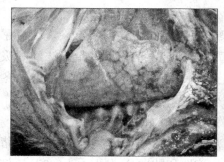

图6-21　纤维素性肺炎
（陈怀涛.兽医病理学原色图谱.2008）

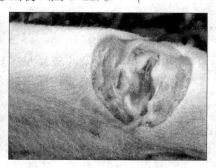

图6-22　关节炎
（陈怀涛.兽医病理学原色图谱.2008）

▶ 诊断要点

根据流行情况、临床症状和病变可初步诊断，确诊需进行细菌学检查和血清学诊断。

▶ 预防

加强饲养管理和兽医防疫措施，消除诱因；合理管理好猪群，尽量避免应激；同时选择当地流行的血清型疫苗进行接种，也可选择敏感性药物进行预防。

▶ 治疗

选用敏感抗生素，如氨苄西林、氟喹诺酮类、头孢菌素等对发病猪进行注射治疗，每隔 6～8 小时用药一次；同时对全群猪进行敏感抗生素预防。

（六）猪流行性感冒

猪流行性感冒简称猪流感，是由 A 型流感病毒引起的猪的一种急性呼吸道传染病。特征为突然发病、咳嗽、呼吸困难、发热、衰竭和迅速转归。

病原特征

我国流行的猪流感病毒①主要为 H1N1 和 H3N2 亚型，对干燥抵抗力强大，一般的消毒剂有很好的杀灭作用，病毒对碘特别敏感。

流行特点

猪流感病毒感染具有重要的公共卫生意义。猪流感的传染源主要是患病动物和带毒动物，多由飞沫经呼吸道感染，传播迅速。本病一年四季均可发生，以春、冬寒冷季节多见，发病率高，死亡率低。

临床特征

本病突然发生，病猪体温高达 40.5 ~ 41.7℃。多数猪眼、鼻流出浆液性、黏液性和脓性分泌物（图 6-23），打喷嚏，出现呼吸急促和腹式呼吸，特别是强迫病猪走动时更明显，伴发严重的阵发性咳嗽。5 ~ 7 天开始迅速恢复。母猪怀孕期感染本病，可引起流产。

图 6-23　猪流行性感冒：病猪流出黏性脓性鼻液

病理变化

鼻、咽、喉头、气管黏膜充血、肿胀、出血（图 6-24），被覆黏液，有的支气管被渗出物堵塞而使相应的肺组织萎缩。主要病变是病毒性肺炎，多见于肺的心叶、尖叶、中间叶及膈叶，呈现为紫的硬结、塌陷，与周围

①流感病毒分为 A、B、C 三个型，猪流感病毒属于正黏病毒科中 A 型流感病毒，根据血凝素（H）和神经氨酸酶（N）情况，可构成许多亚型，如 H1N1、H3N2，各亚型之间无交叉免疫保护力。

正常肺界线明显，严重时表现为鲜牛肉样变化（图6-25）。呼吸道内含有血色、纤维蛋白性渗出物。肺部和纵隔淋巴结明显增大、水肿。

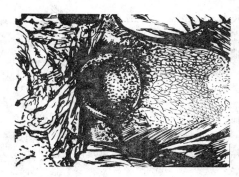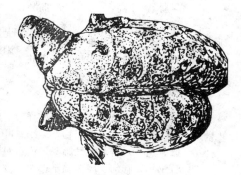

图 6-24　猪流行性感冒：喉头充血出血　　　图 6-25　猪流行性感冒：病猪
　　　　　　　　　　　　　　　　　　　　　　　　　　　　肺脏呈鲜牛肉样变

诊断要点

根据本病流行特点、发生季节、临床症状及病理变化特点，可初步诊断。确诊需进行病毒分离鉴定、肺组织直接免疫荧光技术、酶联免疫吸附试验（ELISA）等。

鉴别诊断

见表6-5。

表 6-5　猪流感与猪其他疾病的鉴别诊断

类别	猪流感	猪肺疫	猪气喘病	猪传染性胸膜肺炎	猪传染性萎缩性鼻炎
病原	猪流感病毒	猪巴氏杆菌	猪肺炎支原体	胸膜肺炎放线杆菌	支气管败血波氏杆菌
流行特点	各种年龄猪均发病，地方性流行，发病率高，死亡率低	多发生于哺乳仔猪，地方性流行，发病率高，死亡率高	多发生于哺乳仔猪，地方性流行，病死率高	各种年龄猪均发病，地方性流行，发病率高，死亡率高	多发生于哺乳仔猪，地方性流行或散发，病死率低

（续）

类别	猪流感	猪肺疫	猪气喘病	猪传染性胸膜肺炎	猪传染性萎缩性鼻炎
临床症状	体温升高，鼻腔流出分泌物，腹式呼吸，阵发性咳嗽	咽喉部肿胀，呼吸困难，常呈犬坐式呼吸，皮肤红斑	反复干咳，无疼痛，呼吸困难，腹式呼吸，阵发性咳嗽	体温升高，轻度腹泻和呕吐，末端皮肤蓝紫色，呼吸困难	咳嗽，打喷嚏，鼻漏，眼角泪斑，鼻歪斜，呼吸困难
病变特征	气管、支气管充血、肿胀、出血，有分泌物，肺肉样变	皮下胶冻样渗出物，纤维素性肺炎，胸膜与肺粘连	肺心叶、尖叶、膈叶出现对称性虾肉样变	气管血色黏液，出血性纤维素或纤维素坏死性胸膜肺炎	鼻甲骨萎缩，鼻黏膜有黏浓性或干酪样分泌物

▶ 防治

加强饲养管理，保持畜舍清洁卫生，增强畜禽的抵抗力。

本病无特效治疗药物，可对症治疗。使用复方板蓝根注射液、30%安乃近注射液解热镇痛；用抗生素防止继发感染，可以降低死亡率。

七、猪腹泻性疾病的防治

目标 ● 掌握猪传染性胃肠炎、猪流行性腹泻、猪
轮状病毒病、猪沙门氏菌病、猪痢疾、
仔猪黄痢、仔猪白痢、猪梭菌性肠炎、
猪空肠弯曲杆菌病、猪蛔虫病的基本特
点、临床特征和防治方法。

(一) 猪传染性胃肠炎

猪传染性胃肠炎是由猪传染性胃肠炎病毒引起的一
种急性、高度接触性传染病，以各种年龄的猪表现呕吐、
水样腹泻和脱水为特征。

病原特征

猪传染性胃肠炎病毒只发现一个血清型，生石灰、
碱性消毒剂等均可杀死该病毒。

流行特点

本病主要通过呼吸道和消化道传染，具有明显的季
节性，每年 12 月至次年的 2 月为发病高峰，夏季很少发
病。新疫区所有猪都发病，10 日龄以内的猪死亡率很高，
达 100%，但断乳猪、育肥猪和成年猪病后取良性经过。

临床特征

1. **哺乳期仔猪** 突然发病，表现短暂呕吐 (图 7-1)，
继而发生频繁水样腹泻，常夹有未消化的凝乳块。病猪

图 7-1 猪传染性胃肠炎：仔猪呕吐

脱水，日龄越小，病死率越高。

2. 育成猪、成猪和母猪 症状较轻，出现减食，水样腹泻、呈喷射状（图 7-2），体重迅速减轻，有时出现呕吐。一般 3~7 天恢复，极少发生死亡。

▶ **病理变化**

病死猪明显脱水，病变主要在胃和小肠。胃膨隆积食，胃内容物呈鲜

图 7-2 猪传染性胃肠炎：病猪水样腹泻

黄色，混有大量白色凝乳块（图 7-3）。胃底黏膜弥漫性充血，有时黏膜有出血点或血斑（图 7-4）。整个小肠充满气体，肠管扩张，肠壁菲薄、呈半透明状（图 7-5），缺乏弹性；肠管内充满白色或黄色液体，肠系膜血管扩张，淋巴结肿胀。

▶ **诊断要点**

根据发病季节、年龄和临床症状可作出初步诊断，确诊需要进行空肠绒毛观察试验、病毒分离鉴定或荧光抗体检查病毒抗原。

图 7-3　猪传染性胃肠炎：　　　　　　图 7-4　猪传染性胃肠炎：胃底
　　　　　胃膨隆积食　　　　　　　　　　　　　黏膜弥漫性充血

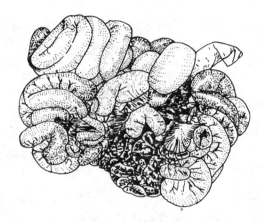

图 7-5　猪传染性胃肠炎：小肠充血充气，肠壁变薄，呈半透明状

▶ 鉴别诊断

见表 7-1。

▶ 预防

冬季加强防疫工作，防止本病传入；严格消毒；平时做好猪传染性胃肠炎弱毒冻干疫苗免疫接种。

▶ 治疗

本病没有特效治疗药物。发病后及时补充葡萄糖生

表 7-1　猪传染性胃肠炎、猪流行性腹泻、猪轮状病毒疾的鉴别诊断

类别	猪传染性胃肠炎	猪流行性腹泻	猪轮状病毒病
病原	传染性胃肠炎病毒	流行性腹泻病毒	轮状病毒
流行特点	10 日龄以内仔猪最多，发病率和死亡率很高	各种年龄猪发病，发病率高，死亡率低	8 周龄以内仔猪最多，发病率高，死亡率低
临床症状	呕吐，排灰色或黄色水样稀便，病程为最急性或急性	剧烈腹泻呈喷射状，灰色或黄色水样稀便，自愈	排暗灰色或黄白色水样稀便，病程轻缓
病变特征	胃肠卡他性炎症，空肠绒毛明显萎缩，肠壁菲薄	胃肠卡他性炎症，空肠绒毛萎缩，肠腔积液	小肠卡他性炎症，空肠绒毛萎缩，肠腔积液

理盐水，防止病猪脱水；使用抗生素防止继发感染。给新生仔猪口服康复猪全血或血清，有一定的治疗作用。

（二）猪流行性腹泻

猪流行性腹泻是由猪流行性腹泻病毒引起猪的一种急性接触性肠道传染病。主要特征为呕吐、腹泻和脱水。

▶ 病理特征

猪流行性腹泻病毒对外界环境和消毒药抵抗力不强，一般消毒药都可将其杀死。

▶ 流行特点

本病经消化道传染，以哺乳仔猪受害最严重。本病常呈地方流行性，多发生于寒冷季节。

▶ 临床特征

本病主要表现水样腹泻（图 7-6），常有呕吐。新生仔猪发生腹泻后，常因严重脱水而死亡。断奶猪、育成猪及母猪出现减食，水样腹泻，但症状较轻，一般持续 4~7 天，逐渐恢复正常。

图 7-6　水样腹泻，肛门周围被严重沾污

(陈怀涛.兽医病理学原色图谱.2008)

▶ 病理变化

　　主要病变为浆液性卡他性肠炎，小肠内充满白色或黄绿色液体，肠壁菲薄，缺乏弹性，以至肠管扩张、呈半透明状（图 7-7），肠系膜血管扩张，淋巴结肿胀，胃内容物中混有凝乳块。

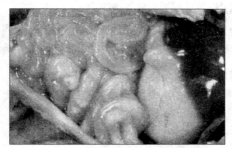

图 7-7　浆液性卡他性肠炎

(陈怀涛.兽医病理学原色图谱.2008)

▶ 诊断要点

　　根据流行病学、临床症状和病理变化可作出初步诊断。确诊需要进行病毒中和试验、病毒分离鉴定或仔猪人工感染试验。

▶ 预防

　　给母猪接种猪流行性腹泻氢氧化铝灭活疫苗或二联灭活疫苗，通过初乳使仔猪获得被动免疫。

▶ 治疗

本病无特效治疗药物。发病后及时补充葡萄糖生理盐水，防止脱水；使用抗生素，防止继发感染，可减少死亡率。试用康复母猪抗凝血或高免血清，对新生仔猪有一定治疗作用。

（三）猪轮状病毒病

猪轮状病毒病是由猪轮状病毒引起多种幼龄动物的急性胃肠道传染病。临床上以 3 周龄以内的仔猪腹泻和脱水为特征。

▶ 病原特征

猪轮状病毒对酸稳定，0.01%碘、1%次氯酸钠和 70%酒精可使病毒丧失感染力。

▶ 流行特点

本病经消化道感染，8 周龄以内仔猪常发病，多发生在晚秋、冬季和早春寒冷季节，发病率 50%～80%。

▶ 临床特征

病猪呕吐，随后腹泻，粪便呈水样或糊状，常引起病猪脱水。通常 3 周龄以上仔猪的症状较轻，腹泻数日即可康复。

▶ 病理变化

胃内充满凝乳块和乳汁。空肠、回肠绒毛缩短，肠壁菲薄、半透明，内容物呈液状，灰黄色或灰黑色，小肠绒毛缩短、变平，有时小肠广泛出血，肠系膜淋巴结肿大。

▶ 诊断要点

常用的方法是取腹泻 24 小时内的粪便或小肠内容物，经浓缩病毒后，做电镜检查；或将小肠或肠内容物涂片，用已知猪轮状病毒荧光抗体做直接荧光试验鉴定病毒。

▶ **预防**

加强饲养管理，增强母猪和仔猪的抵抗力。在流行地区，可用猪轮状病毒油佐剂灭活疫苗对母猪或仔猪进行预防注射。分娩前给妊娠母猪注射疫苗，可使新生仔猪获得被动免疫。

▶ **治疗**

目前无特效的治疗药物，参照猪传染性胃肠炎的方法治疗。

（四）猪沙门氏菌病

猪沙门氏菌病又称猪副伤寒，是由沙门氏菌引起仔猪的一种传染病。急性型为败血症，慢性型为坏死性肠炎，有时以卡他性或干酪性肺炎为特征。

▶ **病原特征**

沙门氏菌为革兰氏阴性细菌，主要有猪霍乱沙门氏菌和鼠伤寒沙门氏菌。常用的消毒药都能将其杀死，如漂白粉、石炭酸、百毒杀等。

▶ **流行特点**

1~4月龄的仔猪易感性较高，6月龄以上猪很少发病。本病主要经消化道传播，无明显的季节性。

▶ **临床特征**

1.**急性型**　多见于断乳前后的仔猪，常突然死亡。病程稍长者体温上升至40℃以上，厌食、腹痛、呼吸困难，后期排黄色、水样稀粪，耳根、胸前、腹下和四肢末端皮肤有紫斑，多以死亡告终。

2.**亚急性型和慢性型**　病猪体温升高，眼有黏性和脓性分泌物，初期便秘，后期下痢，排灰白色或黄绿色恶臭水样物，混有大量坏死组织碎片或纤维状分泌物，后躯沾有灰褐色粪便，逐渐消瘦，生长停滞。病程持续数周，腹泻时发时停，最终死亡或成为僵猪。

> **病理变化**

1.**急性败血型** 病死猪耳部、鼻端、腹下、四肢等处皮肤瘀血，呈青紫色（图7-8）；病程较长者，末梢部位出现干性坏疽（图7-9）。各处浆膜、喉头和膀胱黏膜及肾实质有广泛出血斑，胃肠黏膜卡他性炎症，扁桃体肿胀坏死（图7-10）。脾脏肿大，硬实如橡皮。肠系膜淋巴结串珠样肿大，呈绳索状（图7-11）。

图7-8 猪沙门氏菌病：肢体末端皮肤瘀血　　图7-9 猪沙门氏菌病：耳尖干性坏疽

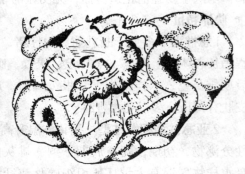

图7-10 猪沙门氏菌病：扁桃体肿胀坏死　　图7-11 猪沙门氏菌病：肠系膜淋巴结串珠样肿大

2.亚急性型和慢性型　　主要特征性病变为盲肠、结肠和回肠后段的坏死性肠炎，表现为肠壁增厚，盲肠黏膜上覆盖一层灰黄色纤维素性坏死性物质（图7-12），似豆腐渣样，剥离后可见红色、边缘不规则的溃疡面，结肠黏膜出现散在的火山口状溃疡（图7-13）。肠系膜淋巴结囊状肿大、出血（图7-14），切面可见坏死灶。肝脏可见针尖大至粟粒大灰黄色干酪样坏死性结节（图7-15）。

▶ 诊断要点

根据流行特点、临床症状及病理变化可作出初步诊

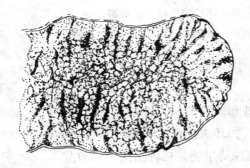

图7-12　猪沙门氏菌病：盲肠黏膜纤维素性坏死性炎症

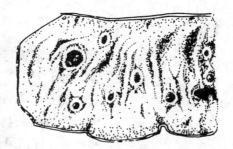

图7-13　猪沙门氏菌病：结肠黏膜散在火山口状溃疡

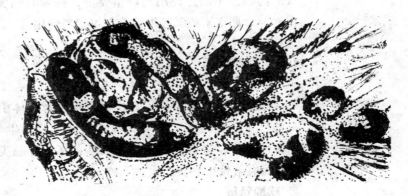

图7-14　猪沙门氏菌病：肠系膜淋巴结肿大、出血

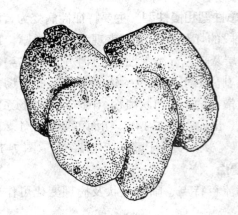

图 7-15　猪沙门氏菌病：肝脏干
酪样坏死

断。确诊需进行细菌分离鉴定。

▶ **预防**

　　加强饲养管理和环境消毒，消除发病原因；在饲料中添加抗菌药物，如环丙沙星、恩诺沙星等，有一定预防效果。仔猪最佳预防措施是接种猪副伤寒菌苗。

▶ **治疗**

　　发生本病时，最好分离菌株做药敏试验，选择最有效的药物及早治疗，用药剂量要足，持续时间要长。土霉素＋卡那霉素或磺胺增效合剂可参考使用。

（五）猪痢疾

　　猪痢疾俗称猪血痢，是由猪痢疾密螺旋体引起猪的一种严重肠道传染病。其特征为大肠黏膜发生卡他性、出血性炎症，进而发展为纤维素性、坏死性肠炎，临床表现为黏液性或黏液出血性下痢。

▶ **病原特征**

　　猪痢疾密螺旋体为革兰氏阴性细菌，对外界环境有较强的抵抗力，但对消毒药的抵抗力不强，普通浓度的过氧乙酸、来苏儿和氢氧化钠均能迅速将其杀死。

流行特点

不同年龄、品种的猪均易感，以 2～3 月龄的仔猪多发，本病经消化道传播，一年四季均有发生，传播缓慢，流行期长，可长期危害猪群。

临床特征

1. 最急性型 看不见下痢，病猪常突然死亡。

2. 急性型 猪体温升高，病初排黄色至灰色软便，随后粪便变为稀粥样，混有大量黏液、血液、纤维碎片（图 7-16）。有的病猪出现水泻，或排出红白相间胶冻物或血便。后期病猪弓背吊腹，脱水消瘦，虚弱而死。

3. 慢性型 多数病猪症状较轻，表现反复下痢，排出灰白色带黏液稀粪，混有黑色血液。消瘦，贫血，生长发育受阻，成为僵猪。

病理变化

病死猪明显消瘦，病变局限于大肠（结肠、盲肠），回盲口为明显界线，小肠无病变。急性型病猪的典型病变为卡他性、出血性大肠炎（图 7-17），病变肠肿胀、黏膜充血、出血，肠内容物稀薄，其中混有黏液和血液。

图 7-16 猪痢疾：病猪排血便，臀部皮肤常见血液污染

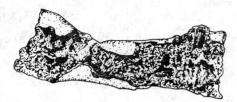

图 7-17 猪痢疾：急性期结肠黏膜出血性卡他

肠系膜充血、水肿，淋巴结增大。亚急性型和慢性型病死猪表现为纤维素性、坏死性大肠炎（图 7-18），在肠黏膜表面形成假膜，外观似麸皮或豆腐渣样，剥去假膜，露出浅表的糜烂面。

▶ 诊断要点

根据流行特点、临床症状及病理变化可作出初步诊断。需进行细菌分离鉴定，发现病料中猪痢疾密螺旋体（图 7-19），即可确诊。

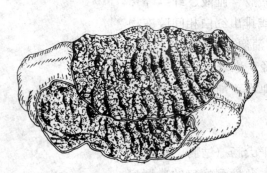

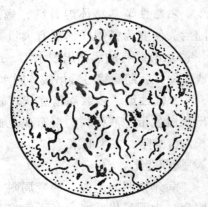

图 7-18　猪痢疾：慢性期结肠黏膜弥漫性坏死　　图 7-19　猪痢疾：粪便镜检见大量密螺旋体

▶ 鉴别诊断

本病应与猪副伤寒、猪传染性胃肠炎、猪流行性腹泻和猪轮状病毒感染相鉴别。

▶ 预防

坚持自繁自养，严禁从疫区引进种猪。加强饲养管理，保持猪舍清洁干燥。必要时使用敏感药物进行预防。

▶ 治疗

见表 7-2。

表 7-2　猪痢疾的治疗

治疗药物	治疗用量和疗程	预防用量
杆菌肽	每吨饲料 500 克，21 天	每吨饲料 200 克
泰乐菌素	每升水 0.057 克，8～10 天	每吨饲料 50～100 克
新霉素	每吨饲料 100～200 克，5～7 天	每吨饲料 50～100 克
土霉素碱	每千克体重 30～50 毫克，内服，每天 2 次，21 天	每千克体重 20 毫克，内服，每天 2 次
林可霉素	每吨饲料 150 克，21 天	每吨饲料 50 克

（六）仔猪黄痢

仔猪黄痢是由致病性大肠杆菌引起新生仔猪的一种急性传染病。以剧烈水泻、排黄色液状粪、迅速脱水和死亡为特征。本病在我国各地常有发生，造成新生仔猪大批死亡或生长发育不良。

▶ 病原特征

致病性大肠杆菌为革兰氏阴性细菌，对外界因素抵抗力不强，一般消毒药均易将其杀死，如百毒杀、来苏儿、新洁尔灭等。

▶ 流行特点

本病在世界各地均有流行，寒冷潮湿季节发病严重。本病主要侵害 1 周龄以内的新生仔猪，本病的传染源主要是带菌母猪。

▶ 临床特征

病猪表现为突然腹泻，排出黄色至灰黄色水样粪便，精神沉郁，反应迟钝，停止吮乳，但无呕吐，脱水严重，迅速消瘦，最后昏迷而死。

▶ 病理变化

病死猪双眼下陷，皮肤干燥，严重脱水。最显著的病变为肠道黏膜急性、卡他性炎症，其中以十二指肠最为严重，空肠和回肠次之。腹腔器官表面和肠浆膜面有黄白色絮状纤维蛋白附着，胃肠道充气，十二指肠肠壁菲薄（图7-20），空肠内充满黄色泡沫状液体（图7-21）。剖开胃肠道，有多量黄色黏稠内容物和气泡、气体，黏膜充血、出血（图7-22），肠系膜淋巴结充血、肿大、多汁。实质器官有小出血点。

▶ **诊断要点**

　　根据本病流行特点、临床特征和剖检病变等，可作

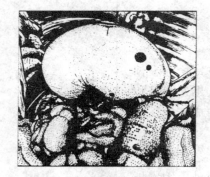

图7-20　仔猪黄痢：胃肠道充气，
　　　　　肠壁菲薄

图7-21　仔猪黄痢：空肠充满黄色
　　　　　泡沫状液体

图7-22　仔猪黄痢：胃内充满黄色黏稠内容物和气泡

出初步诊断，确诊必须进行病原分离鉴定、肠毒素测定
和吸附因子检查等。

鉴别诊断

见表 7-3。

表 7-3　仔猪黄痢、仔猪红痢、猪传染性胃肠炎的鉴别诊断

类　别	仔猪黄痢	仔猪红痢	猪传染性胃肠炎
病原	大肠杆菌	C 型魏氏梭菌	传染性胃肠炎病毒
流行特点	1 周龄以内仔猪，地方流行，发病率和死亡率较高	3 日龄以内仔猪，地方流行，死亡率高	10 日龄以内仔猪最多，发病率和死亡率很高
临床症状	排黄色稀便，很少呕吐，病程为最急性或急性	排红色黏便，偶尔呕吐，病程为最急性或急性	呕吐，排灰色或黄色水样稀便，病程为最急性或急性
病变特征	小肠卡他性炎症	小肠出血性坏死，肠内容物呈红色，坏死肠段浆膜下有气泡	胃肠卡他性炎症，空肠绒毛明显萎缩

预防

加强饲养管理，让新生仔猪尽快吃足量的初乳，注
意产房保温，避免仔猪受凉，并做好产前、产后的卫生
和消毒工作。同时接种 K88–K99 二价或 K88–K99–987P
三价基因工程疫苗，或者筛选敏感药物进行药物预防。

治疗

由于本病病程很短，发病后常来不及治疗。一般选
择敏感性药物投服治疗。对于脱水仔猪，及时用葡萄糖
生理盐水补充体液。

（七）仔猪白痢

仔猪白痢是由致病性大肠杆菌引起新生仔猪的一种
急性传染病，是仔猪在吮乳期内常见的腹泻病。以排乳

白或灰白色带有腥臭的浆液状稀粪为特征，发病率高，病死率低。

病原特征

致病性大肠杆菌为革兰氏阴性细菌，对外界因素抵抗力不强，一般消毒药均易将其杀死，如百毒杀、来苏儿、新洁尔灭等。

流行特点

本病一般发生于 10～30 日龄仔猪，一年四季都可发生，严冬、早春和炎热夏季发病较多。本病的传染源主要是带菌母猪。

临床特征

病猪体温无明显变化，常突然腹泻，排出白色、灰白色以至黄色粥状或糊糊状有特殊腥臭气味的粪便。病猪脱水，逐渐消瘦。本病死亡率不高，但猪的生长发育受到严重影响，部分猪变成僵猪。

病理变化

病死猪苍白、消瘦。胃内积有多量凝乳块，胃肠黏膜有卡他性炎症（图 7-23）。肠腔充气，肠系膜淋巴结轻度肿胀。结肠内容物为糊糊状或油膏状，色乳白或灰白，黏腻，部分黏附在黏膜上，不易完全擦掉。

诊断要点

根据发病日龄、粪便的色泽与黏稠度，以及病死率

图 7-23　仔猪白痢：胃内积有多量凝乳块，胃肠黏膜有卡他性炎症

可以作出初步诊断，病原分离鉴定方法同仔猪黄痢。

> **鉴别诊断**

见表 7-4。

表 7-4　仔猪白痢、仔猪红痢和猪副伤寒的鉴别诊断

类　别	仔猪白痢	仔猪红痢	猪副伤寒
病原	大肠杆菌	C 型魏氏梭菌	沙门氏菌
流行特点	1～2 周龄仔猪，散发或部分流行，死亡率不高	3 日龄以内仔猪，地方性流行，死亡率高	1～3 月龄仔猪最多，散发或地方性流行，发病率和死亡率高
临床症状	排白色糨糊状稀便，不呕吐，病程为急性或亚急性	排红色黏便，偶尔呕吐，病程为最急性或急性	呕吐，排灰白或黄色恶臭水样稀便，混有坏死组织碎片或纤维状分泌物，病程为最急性或急性
病变特征	小肠卡他性炎症，结肠内容物有气泡	小肠出血坏死，肠内容物呈红色，坏死肠段有小气泡	大肠黏膜坏死，纤维素性坏死性肠炎，形成糠麸样溃疡

> **预防**

加强仔猪饲养管理，避免仔猪受凉，及时补充铁、硒和维生素等营养。做好产房的卫生和消毒工作，保持猪舍清洁干燥。筛选敏感药物进行药物预防。

> **治疗**

早期选用敏感性药物或用本场母猪血清治疗，均有较好的效果。

（八）猪梭菌性肠炎

猪梭菌性肠炎又称仔猪传染性坏死性肠炎，俗称仔猪红痢，是由 C 型魏氏梭菌引起仔猪的一种致死性肠毒血症，主要侵害 3 日龄以内仔猪，排血样粪便，病死率高。

> **病原特征**

魏氏梭菌是一种革兰氏阳性细菌，分为 A、B、C、

D、E 5 个血清型，C 型菌株最为流行，该菌对外界抵抗力不强，但形成芽孢后，常用消毒药很难将其杀死。

▶ 流行特点

本病主要发生在 1~3 日龄的新生仔猪，1 周以上的仔猪发病很少，发病急，传播快，新生仔猪通过污染的母猪乳头、垫草等感染。

▶ 临床症状

1.**最急性型** 仔猪出生当天就发病，开始排黄色或灰绿色粪便，随后粪便转为红色糊状，内含大量血液，故称"红痢"。病猪肛门周围沾满带血稀粪，走路摇摆，迅速虚脱，很快昏迷而死亡。

2.**急性型** 病猪排红褐色水样稀粪，粪中含有少量灰色坏死组织碎片，迅速脱水、消瘦，有的病猪呕吐、尖叫。一般 2~3 天死亡。

3.**亚急性型** 病猪表现为持续的非出血性腹泻，排黄色软粪，后期变为清水样，含有坏死组织碎片。病猪逐渐消瘦、脱水，一般在出生后 5~7 天死亡。

4.**慢性型** 病猪呈现间歇性或持续性腹泻，排灰黄色、糊状粪便，肛门周围有粪痂。病猪逐渐消瘦，生长停滞，多数成为僵猪。

▶ 病理变化

1.**最急性型** 空肠呈暗红色，肠腔充满含血的液体，肠黏膜广泛性出血（图 7-74），肠腔充气，肠系膜淋巴结呈鲜红色。

2.**急性型** 肠黏膜坏死，颜色变黄或变灰，肠壁浆膜下有数量不等的高粱米或小米粒大的气泡；肠腔内充满稍带血色的液体和气体，内含坏死组织碎片；肠系膜淋巴结充血，呈暗红色或鲜红色。

3.**亚急性型** 空肠坏死性炎症，肠壁变厚，弹性消失，肠内壁附着一层灰黄色、坏死性假膜。

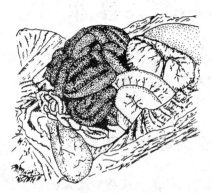

图 7-24　猪梭菌性肠炎：小肠出血性
肠炎，肠腔充气

▶ 诊断要点

根据流行特点、临床症状、病理变化可作出初步诊断。确诊需要进行细菌学检查和肠毒试验。

▶ 鉴别诊断

见表 7-5。

表 7-5　仔猪红痢和仔猪痢疾的鉴别诊断

类　别	仔猪红痢	猪痢疾
病原	C 型魏氏梭菌	猪痢疾密螺旋体
流行特点	3 日龄以内仔猪，地方流行，死亡率高	2～4 月龄仔猪最多，病势缓和，发病率和死亡率较高
临床症状	排红色黏便，偶尔呕吐，病程为最急性或急性	出血性下痢，混有黏液、坏死组织和纤维素渗出物，病程长
病变特征	小肠出血坏死，肠内容物呈红色，坏死肠段有小气泡	大肠卡他性出血炎症，后期出血性坏死性炎症，积聚灰黄色伪膜

▶ 预防

加强猪舍、产房和周围环境的卫生消毒工作。在产仔前对母猪的奶头进行清洗、消毒。在产前 30 天和 15

天分别给母猪接种免疫 C 型魏氏梭菌氢氧化铝菌苗。

治疗

由于本病发病急、病程短，出现临床症状后，用药物治疗往往效果不佳。疾病早期可试用青霉素、链霉素每千克体重各 10 万单位，口服，疗效较好。

（九）猪空肠弯曲杆菌病

猪空肠弯曲杆菌病又称空肠弧菌病，是猪的一种新的肠道传染病。临床以发热、肠炎、腹泻和腹痛为特征。

病原特征

空肠弯曲杆菌为革兰氏阴性细菌，对外界环境抵抗力不强，常用消毒药如来苏儿、百毒杀、石炭酸等都能将其杀死。

流行特点

本病感染率很高，主要通过直接接触病猪或被污染的饲料、饮水等传播。

临床特点

发病仔猪临床主要表现为发热、肠炎、腹泻和腹痛，病情较轻。有的表现发抖，抽搐，粪便呈水样，严重时粪便中带血和黏液，腥臭，全身脱水，呼吸困难。

病理变化

结肠和回肠见弥漫性出血性水肿，回肠末端及回盲瓣上见溃疡。

诊断要点

根据流行特点、临床症状、病理变化可作出初步诊断。确诊需要进行细菌学检查。

预防

加强饲养管理，提高猪体的抵抗力。搞好猪舍及周围环境卫生，特别注意防止人和鸡的粪便或其他垃圾污染猪舍。定期消毒，及时检疫，发现带菌猪进行隔离治疗。

▶ 治疗

空肠弯曲杆菌对链霉素、红霉素、四环素类药物敏感，可参考使用。也可使用克辽林、松节油等肠道消毒防腐药物，同时应用多维和电解质，补充水分和电解质的丢失。对严重病例，可试用在5%葡萄糖溶液中加红霉素或土霉素粉针剂静脉滴注。

（十）猪蛔虫病

猪蛔虫病是猪蛔虫寄生在猪小肠内引起的一种猪的线虫病。临床上以生长发育不良、增重缓慢、蛔虫性肺炎、胃肠道疾病为特征。严重感染时，仔猪发育停滞，成为僵猪。

▶ 病原特征

猪蛔虫卵有四层卵膜，对外界环境具有强大的抵抗力，对一般消毒药有抵抗力，一般消毒药消毒效果不好，需使用较高浓度的强碱溶液或者使用火喷干燥的方法消毒。

▶ 流行特点

本病发生很普遍，在养猪地区流行极广，一般3~6月龄的仔猪最易感，危害最为严重。本病一般经口传播，一年四季均可发生。

▶ 临床和病理特征

患猪一般表现为咳嗽，体温升高，呼吸急促，日渐消瘦，发育停滞，成为僵猪。

幼虫移行到肝脏，造成机械性肝损伤和出血，肝脏结缔组织增生，肝表面可见不规则的白色点状或融合成块的灰白色斑纹，俗称"乳斑肝"（图7-25）。幼虫转移到肺脏时，引起肺出血、水肿，严重时形成蛔虫性肺炎（图7-26）。成虫寄生于小肠，引起腹痛，虫体数量多，时常聚成团状，堵塞肠道，造成蛔虫性小肠梗阻（图7-27），可引起肠破裂。成虫寄生于小肠内迷路，可移行到胆管中，造成胆管阻塞（图7-28）。

▶ **诊断要点**

根据临床表现、流行病学、剖检变化进行综合判断。通过粪便检查，发现虫体或虫卵即可确诊。虫卵检查一般采取直接涂片法或饱和盐水漂浮集卵法。

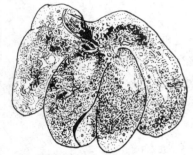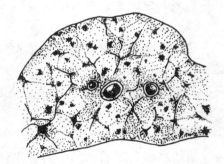

图7-25　猪蛔虫病：幼虫移行于肝脏，形成"乳斑肝"　图7-26　猪蛔虫病：幼虫转移到肺脏，肺脏出血、水肿

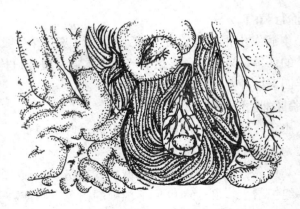

图7-27　猪蛔虫病：蛔虫性小肠梗阻

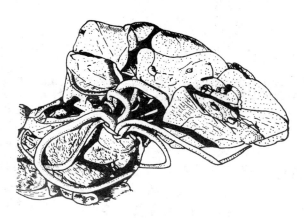

图 7-28 猪蛔虫病：蛔虫寄生造成胆管阻塞

▶ 预防

加强饲养管理，注意环境卫生，定期清扫、消毒。春秋两季各驱虫一次，平均间隔一个半月至两个月再驱虫一次，效果更好。

▶ 治疗

见表 7-6。

表 7-6 猪蛔虫病的治疗

治疗药物	用法和用量
左旋咪唑	每千克体重 8～10 毫克，拌料喂服
敌百虫	每千克体重 0.1 克，拌料喂服，总量应小于 10 克
丙硫苯咪唑	每千克体重 10 毫克，拌料喂服
伊维菌素注射液	每千克体重 0.2 毫升，皮下或肌内注射

八、猪神经障碍性疾病的防治

目标 ● 掌握猪狂犬病、猪脑心肌炎、猪血凝性脑脊髓炎、猪破伤风、猪水肿病、猪李氏杆菌病、猪食盐中毒的基本特点、临床特征和防治方法。

（一）猪狂犬病

狂犬病是由狂犬病病毒引起的一种急性、自然疫源性人畜共患传染病，俗称疯狗病。其特征是侵害中枢神经系统，病猪出现意识障碍，局部或全身麻痹，病死率极高。

病原特征

狂犬病病毒有四个血清型，Ⅰ型为常见的狂犬病典型毒株，主要分布于发病动物的中枢神经组织、唾液腺和唾液中。

流行特点

猪感染本病大多是通过患病动物，特别是犬和猫咬伤所致。本病一年四季都有发生。一般呈现零星散发，病死率极高。

临床特征

典型的狂犬病可分为前驱期、兴奋期和麻痹期三个阶段。潜伏期长短不一，猪突然发病，兴奋不安，四肢运动失调，无意识地咬牙，大量流涎，全身肌肉阵发性痉挛，并有咬人咬物、攻击人畜等现象，终因麻痹、衰竭而死亡。

病理变化

死猪无明显肉眼病变，常见非化脓性脑炎和核内包涵体，有诊断意义。

诊断要点

根据流行特点和典型病例临床症状一般可作出诊断。确诊应进行组织内基氏小体检验、免疫荧光抗体检查。

预防

加强犬类管理，形成管、免、灭和检相结合的综合性防治措施，控制和消灭犬的狂犬病。

治疗

本病没有特效治疗药物，一旦发病，应立即淘汰扑杀发病猪只，尸体焚烧或深埋。

（二）猪脑心肌炎

猪脑心肌炎是由脑心肌炎病毒引起的一种人畜共患传染病，可引起猪急性死亡。其特征为脑炎、心肌炎或心肌周围炎。

病原特征

脑心肌炎病毒对酸稳定，碱性消毒剂可杀死该病毒。

流行特点

仔猪主要由于采食被病毒污染的饲料、饮水而感染。20周龄内的仔猪可发生致死性感染，病死率可达100%。怀孕母猪感染后，可经胎盘垂直传播。

临床特征

大多数病猪没有见到任何症状突然死亡，有时可见短暂的震颤、步态不稳、麻痹、虚脱、呕吐或呼吸困难等症状。

> **病理变化**

病死猪全身瘀血，呈红褐色（图8-1），腹下皮肤有蓝紫色的斑块或结痂。右心室扩张，心肌柔软，呈弥散性灰白色，上有许多散在的黄白色病灶，呈条纹或圆形（图8-2）。肺充血、水肿。胃大弯水肿。胃黏膜充血。肠系膜水肿。脾脏缺血萎缩，肾、肝脏皱缩。

图8-1　猪脑心肌炎：病尸全身瘀血
（陈怀涛.兽医病理学原色图谱.2008）

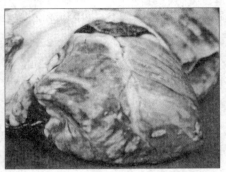

图8-2　猪脑心肌炎：坏死性心肌炎
（陈怀涛.兽医病理学原色图谱.2008）

> **诊断要点**

根据流行特点和临床症状一般难以做出诊断。确诊应采取动物接种试验及中和试验鉴定病毒。

> **防治**

目前尚无有效药物和疫苗，主要依靠综合性防治。

（三）猪血凝性脑脊髓炎

猪血凝性脑脊髓炎是由血凝性脑脊髓炎病毒引起猪的一种急性传染病。主要危害哺乳仔猪，临床以呕吐、衰弱、进行性消瘦和中枢神经系统障碍为特征。

病原特征

猪血凝性脑脊髓炎病毒对脂溶剂敏感，一般消毒剂可杀死该病毒。

流行病学

本病多发生于 2 周龄以下的哺乳仔猪，通过呼吸道或消化道传播。多数是引进种猪后发病，仔猪发病率和死亡率都很高。

临床特征

猪血凝性脑脊髓炎包括脑脊髓炎型和呕吐衰弱型，可同时存在于一个猪群中，也可发生在不同的猪群。

1. **脑脊髓炎型** 多见于 4~7 日龄仔猪，开始厌食，随后出现嗜睡、呕吐、便秘。部分病猪打喷嚏、咳嗽、磨牙，1~3 天后出现中枢神经症状，对声音过敏，共济失调，犬坐式，后肢麻痹。病死率为 100%。

2. **呕吐衰弱型** 病猪初期体温升高，表现反复呕吐，仔猪聚堆，不食，喜饮水，便秘，渐渐衰弱。危重的病猪因咽喉肌肉麻痹而吞咽困难，迅速消瘦，多在 1~2 周内死亡。发病和死亡率差异很大，一般在 20%~80%。

病理变化

临床病变不明显，少数病猪可见鼻炎和胃肠炎的变化，但无诊断价值。

诊断要点

送检病猪脑组织与脊髓上段，做病毒分离、组织学检查；送检血清，做血凝抑制试验、免疫荧光试验等，即可确诊。

防治

目前尚无有效的药品和疫苗，主要依靠综合性防治措施。加强口岸检疫，防止引进种猪时将病带入，严格检疫。发现可疑病猪，应隔离、封锁、消毒，迅速确诊，扑杀病猪。

（四）猪破伤风

猪破伤风又名强直症、锁口风，是由破伤风梭菌经伤口感染引起的急性、中毒性人畜共患传染病。临床上以肌肉呈持续性的强直性痉挛和对外界刺激的兴奋性增高为特征。

▶ 病原特征

破伤风梭菌是一种严格厌氧的大型杆菌，抵抗能力弱，一般的消毒药都可将其杀死。但形成芽孢后抵抗力很强，5%石炭酸、10%碘酊可将其杀死。

▶ 流行特点

破伤风梭菌广泛存在，主要经创伤感染，猪多由于阉割或产后消毒不严而感染。

▶ 临床特征

病猪对外界刺激兴奋性增高，常有"吱吱"尖细叫声。一般从头部肌肉开始痉挛，牙关紧闭，口吐白沫，两耳竖立，面部肌肉痉挛；继而全身肌肉痉挛，腰背弓起，四肢僵直，尾竖立不摆动，触摸坚实如木板，形似木马（图8-3）；严重者发生全身痉挛及角弓反张。如治疗不及时或治疗不当，病死率很高。

图8-3　猪破伤风：病猪肌肉
僵直，形似木马

▶ **病理变化**

无特征性病理变化。

▶ **诊断要点**

由于本病具有特殊性的临床症状，根据神经兴奋性增高、骨骼肌强直性痉挛、体温正常、有创伤史等即可确诊，一般不做实验室检查。症状不明显的病猪，可采取创伤分泌物或深部坏死组织，进行细菌分离培养，发现破伤风梭菌（图8-4），即可确诊。

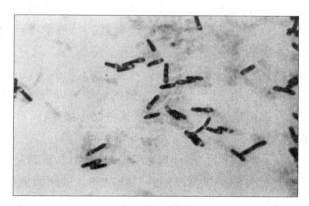

图8-4　病料中有芽孢的破伤风梭菌

（陈怀涛.兽医病理学原色图谱.2008）

▶ **预防**

防止发生外伤，特别是在进行猪去势时，做好器械和术部的消毒工作。为预防感染，在去势的同时，给猪注射破伤风抗毒素血清3 000国际单位，有较好的预防效果。

▶ **治疗**

发现病猪应及时治疗。将猪安置在安静的地方，尽量减少或避免刺激，肌内注射25%硫酸镁10～15毫升；清洗伤口并进行消毒，涂撒青霉素等抗菌消炎药物。早期发病猪及时注射抗破伤风抗毒素血清10万～20万国际单位。

（五）猪水肿病

猪水肿病是由致病性大肠杆菌引起断奶仔猪的一种肠毒血症。其特征为全身或局部麻痹，共济失调，眼睑部、胃壁和其他部位发生水肿。

▶ 病原特征

致病性大肠杆菌血清型有 O88、O38、O139、O141 等，可以产生致水肿毒素和神经毒素。一般消毒药物都可用于本病的消毒。

▶ 流行特点

本病多发生于断奶后 1～2 周的仔猪，以春秋两季最为多见，多呈散发性。消化道是其主要传播途径。

▶ 临床特征

仔猪突然发病，精神沉郁，步态不稳，盲目行走或转圈，共济失调，肌肉震颤，口吐白沫，进而倒地抽搐，四肢乱划呈游泳状，逐渐发生后躯麻痹，卧地不起，在昏迷状态中死亡。病猪体温升高，常便秘。脸部、眼睑、结膜、齿龈、颈部、腹部皮下水肿是本病的特征。

▶ 病理变化

体表水肿多见于眼睑及脸部（图 8-5），内脏以胃壁、结肠系膜、肠系膜淋巴结最为严重，胆囊与喉头等也可见到。胃大弯黏膜和胃壁水肿（图 8-6），切开时在黏膜与肌层间有透明或浅红色胶冻状的一层水肿液，厚度不一。结肠间隙肠系膜严重水肿，充满凉粉样透明水肿液（图 8-7），切面多汁。腹股沟淋巴结水肿，切开有液体流出。

▶ 诊断要点

根据流行特点、临床症状及病理变化，一般可作出

图 8-5　猪水肿病：病猪眼睑水肿，充血

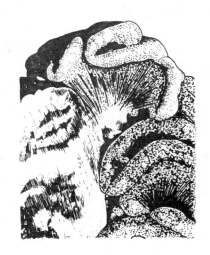

图 8-6　猪水肿病：胃大弯黏膜和胃壁水肿　图 8-7　猪水肿病：结肠间肠系膜严重水肿

初步诊断。确诊须由小肠内容物分离病原性大肠杆菌，鉴定其血清型。

▶ **预防**

　　加强断奶仔猪的饲养管理，提前补料，注意饲料营养要全面，同时筛选敏感药物进行药物预防。规模化猪场可制备自家疫苗，给哺乳仔猪免疫接种。

治疗

发病初期采用亚硒酸钠、维生素 E 配合敏感抗菌药物和速尿等进行治疗，有一定效果。健康猪群投服敏感抗菌药物，具有一定的预防效果。

（六）猪李氏杆菌病

猪李氏杆菌病是由李氏杆菌引起猪的一种散发性传染病，主要表现为脑膜炎、败血症。

病原特征

单核细胞增多性李氏杆菌是一种革兰氏阳性细菌，有 7 个血清型，对消毒药抵抗能力不强，2.5%石炭酸、70%酒精、2%火碱、10%石灰乳能杀死该菌。

流行特点

本病多发于早春、秋冬或气候突变的时节，常呈散发或地方性流行。仔猪最易感，其次是怀孕母猪。主要通过消化道、呼吸道和伤口感染，死亡率高。

临床特征

1.**败血型** 多见于哺乳仔猪，病猪体温升高，食欲减退或废绝；咳嗽，腹泻，皮疹，呼吸困难，耳部和腹部皮肤发绀，病程 1～3 天，病死率高。

2.**脑膜脑炎型** 多见于断奶仔猪，主要表现神经症状，运动失调，转圈，头颈后仰，角弓反张（图8-8），两前肢或四肢张开，后躯麻痹，通常死亡。

3.**混合型** 多发生于哺乳仔猪，常突然发病，体温高达 41～42℃。多数病猪表现脑膜炎症状，运动失调，步样踉跄，肌肉震颤，头颈后仰，四肢张开呈观星姿势；后肢麻痹拖地，严重者卧地不起，倒地后全身抽搐，口吐白沫，叫声嘶哑，死亡的仔猪头向后仰。幼猪病死率很高。

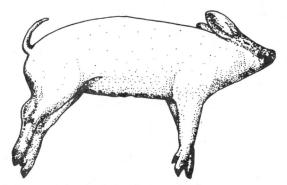

图 8-8　猪李氏杆菌病：病猪表现角弓反张神经症状

病理变化

1.**败血型**　体表皮肤（腹下、股内侧）有弥散性出血点，体表淋巴结有不同程度的肿大、出血，切面多汁；肺充血、水肿，心内外膜出血，胃及小肠黏膜充血，肠系膜淋巴结肿大，肝、脾肿大。肝表面有灰血色小坏死灶为本病的特征性病变。

2.**脑膜脑炎型**　脑实质及脑膜充血、水肿和出血（图 8-9），脑脊髓液增加，含有较多的细胞，脑干（脑桥、延髓、脊髓）变软，脑膜下有化脓灶（图 8-10）。

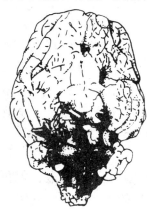

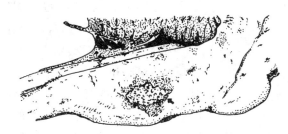

图 8-9　猪李氏杆菌病：脑脊髓膜下
　　　　出血和化脓灶

图 8-10　猪李氏杆菌病：病猪延髓
　　　　　实质内化脓灶

诊断要点

根据流行特点、临床症状及病理变化，一般可作出初步诊断。确诊须进行细菌分离培养鉴定。

预防

搞好环境卫生，正确处理粪便，及时驱除寄生虫，增强猪的抵抗力。选用氨苄青霉素、庆大霉素、氟苯尼考、头孢类和磺胺类等敏感药物进行预防。

治疗

对病猪应进行隔离和治疗。青霉素单独治疗效果不佳，早期可大剂量应用磺胺类药物，与氨苄青霉素和庆大霉素混合使用，效果更好。

（七）猪食盐中毒

猪食盐中毒是由于猪长期或者一次性食入大量食盐引起的一种中毒性疾病。临床上以神经症状和一定的消化紊乱为特征。

病因和发病机理

猪对食盐特别敏感，当给猪饲喂食盐含量大的酱渣、盐卤菜及卤水、卤汤等或者饲喂食盐含量较多的饲料时，在供水不足的情况下，都可引起食盐中毒。食盐进入猪的胃肠后，刺激胃肠黏膜，引起胃肠道紊乱，由于胃肠内容物渗透压升高，导致组织脱水，血液浓缩，血液循环障碍，引起组织器官缺氧。另外，过量食盐进入血液导致钠离子中毒，从而引起一系列神经机能障碍。

临床特征

病猪精神沉郁，极度口渴，口流泡沫状黏液，皮肤发痒，便秘；继而出现呕吐和明显的神经症状，病猪兴奋不安，视觉和听觉机能障碍，无目的地徘徊，或向前直冲，口吐白沫，四肢痉挛，来回转圈，头向后仰，四肢出现游泳样动作；严重病例出现癫痫样痉挛，心跳加速，呼吸困难，最后昏迷死亡。一般病程为 1~4 天。

▶ 病理变化

胃黏膜充血、出血，出现溃疡。脑膜和大脑皮质呈现不同程度充血、水肿，脑灰质软化。肠系膜淋巴结充血、出血。心内膜有小出血点。

▶ 诊断要点

根据发病情况调查、临床特点以及病理变化特征，结合实验室血钠和组织（肝、脑）中钠含量的检测，即可确诊。

▶ 防治

调整日粮中食盐的含量，保证猪群随意自由饮水。发现食盐中毒后，立即停止饲喂含盐饲料及卤水等，多次少量给予清水，同时使用药物进行治疗，以促进食盐排出和对症治疗。

九、猪多系统综合征的防治

目标
● 掌握猪圆环病毒感染、猪肠病毒感染、猪丹毒、猪链球菌病、猪炭疽、猪结核病、猪坏死杆菌病、猪附红细胞体病的基本特点、临床特征和防治方法。

（一）猪圆环病毒感染①

猪圆环病毒感染又称断奶仔猪多系统衰竭综合征，是近年来流行的新传染病。主要特征是进行性消瘦、呼吸困难、虚弱和淋巴结肿大，主要感染 8~13 周龄猪。

病原特征

圆环病毒分为 2 个血清型，即 1 型和 2 型，2 型病毒可引起猪发病。病毒对环境具有高度抵抗力。

流行特点

断奶仔猪易感染发病，哺乳猪发病少，一般集中于断奶后 2~3 周和 5~8 周龄的仔猪。主要通过消化道、呼吸道传播，怀孕母猪感染后，可经胎盘传染给胎儿。

临床特征

病猪发热，被毛粗乱，皮肤苍白，渐进性消瘦；病仔猪发育不良，体重减轻，呼吸困难和咳嗽。可能出现水样腹泻、进行性咳嗽和中枢神经系统障碍。

病理变化

　　病死猪消瘦，淋巴结肿大 4~5 倍，切面坚硬，呈均匀的苍白色（图 9-1），腹股沟、肠系膜、支气管等器官或组织的淋巴结尤为突出。肺肿胀，小叶间质增宽，有出血灶（图 9-2），质地坚实如橡皮，在正常的粉红色肺小叶间，散在有棕黄色病灶或水肿，呈花斑状。脾严重肿大，充血，坏死（图 9-3）。在胃靠近食管的区域常有

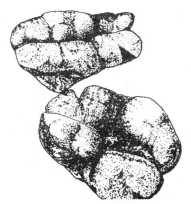

图 9-1　猪圆环病毒感染：淋巴
　　　　结肿大，苍白

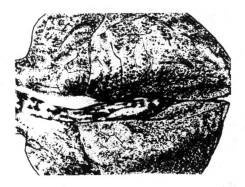

图 9-2　猪圆环病毒感染：肺肿大
　　　　出血，小叶间质增宽

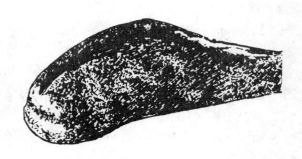

图 9-3　猪圆环病毒感染：脾肿大坏死

大片溃疡形成。盲肠和结肠黏膜充血和出血。

诊断要点

根据本病流行特点、主要病变等，可做出初步诊断。确诊需要进行实验室诊断，可用聚合酶链式反应（RT-PCR）检测圆环病毒核酸，也可用 ELISA 方法检测血清抗体。

防治

本病尚无有效药物和疫苗，主要依靠综合性防控措施。加强饲养管理，增强猪群抵抗力。采用自繁自养，全进全出，建立严格的卫生和消毒制度。

（二）猪肠病毒感染

肠病毒感染亦称捷申病、塔尔凡病，可引起母猪繁殖障碍及新生仔猪畸形和水肿、脊髓灰质炎、肠道疾病、肺炎、心包炎和心肌炎等多种疾病。

病原特征

猪肠道病毒分为多种血清型，对脂溶剂、热相对稳定，对很多消毒剂有抵抗力。

流行特点

猪肠道病毒主要通过粪—口传播，一般发生于仔猪断奶后不久，任何年龄的猪都易感，怀孕母猪感染后出现繁殖障碍。最常见的繁殖障碍多见于外购新母猪。

> **临床特征**

1. **繁殖障碍** 怀孕母猪出现不育、流产，产出木乃伊胎、死胎。弱仔产出后多数死亡。

2. **脑脊髓炎** 猪病初表现为发热，随后出现运动失调，眼球震颤，角弓反张和瘫痪。患猪步态摇晃如醉酒状，但许多病猪可自行好转。病情严重猪呈犬坐状而无法起立。

3. **下痢** 表现为温和而短暂的拉稀。

4. **肺炎、心包炎和心肌炎** 通常是和其他病原共同作用引起的亚临床症状。

> **病理变化**

怀孕母猪产出的死胎皮下及肠系膜水肿，体腔积水，脑膜及肾皮质出血。其他类型无明显肉眼可见的病变。

> **诊断要点**

出现脊髓灰质炎的临床症状表明可能是猪肠道病毒感染，需要从中枢神经系统分离病毒或用免疫荧光检测病毒，才能与其他的嗜神经病毒感染区别。

> **防治**

坚持自繁自养，减轻应激因素的发生，降低发病率。猪场应避免引进怀孕的新母猪。

（三）猪丹毒

猪丹毒是由猪丹毒杆菌引起的一种急性、热性传染病。主要特征为高热、急性败血症、亚急性皮肤疹块、慢性疣状心内膜炎及皮肤坏死与多发性非化脓性关节炎。

> **病原特征**

猪丹毒杆菌是一种革兰氏阳性菌，对消毒药敏感，在 2%福尔马林、1%漂白粉、1%氢氧化钠和 5%石灰乳中很快死亡。

流行特点

本病主要发生于 2～6 月龄的架子猪，主要通过消化道传播，亦可经皮肤伤口感染，或经蚊、蝇等吸血昆虫传播。猪丹毒一年四季都有发生，常为散发或地方流行性，有时暴发性流行。

临床特征

见表 9-1。

病理变化

1.急性败血型 主要以急型败血症的全身变化和体表

表 9-1　猪丹毒的临床特征

疾病类型	主要症状
急性败血型	以突然暴发、急性经过和高病死率为特征。病猪体温达到 42～43℃，结膜充血，皮肤弥漫性充血，继而发紫，指压时褪色，以头、耳、颈、四肢内侧等部位较为多见（图 9-4）。严重时呼吸困难，黏膜发绀，病程短促，突然死亡，病死率达 80%～90%
亚急性疹块型	皮肤表面出现疹块，俗称"打火印"。在胸、腹、背、肩、四肢等部位皮肤出现形状不规则的疹块（图 9-5），呈方块形、菱形或圆形，稍突起于皮肤表面。开始疹块充血，呈淡红色，指压褪色；后期瘀血，变成紫红或紫黑色，压之不褪。随后形成干痂，脱落
慢性关节炎型	四肢关节炎性肿胀（图 9-6），病腿僵硬、疼痛，关节变形，呈现跛行或卧地不起
慢性心内膜炎型	消瘦，全身衰弱，喜躺卧，强行走则举止缓慢，全身摇晃。听诊心脏有杂音，心跳加速，心律不齐，呼吸急促。常由于心脏麻痹，突然倒地死亡
皮肤坏死型	背、肩、耳、蹄和尾等部位皮肤肿胀、隆起、坏死、色黑，干硬似皮革，逐渐与下层新生组织分离，犹如一层甲壳。有时范围很大，可以占整个背部皮肤（图 9-7）。经 2～3 个月坏死皮肤脱落，遗留一片无毛、色淡的疤痕

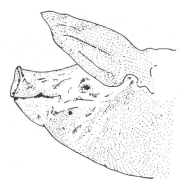
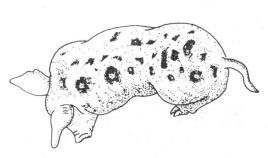

图 9-4　急性猪丹毒：头颈皮肤弥漫性充血　　图 9-5　亚急性猪丹毒：病猪背部皮肤疹块

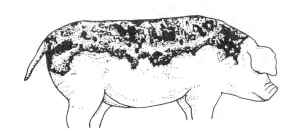

图 9-6　慢性猪丹毒：后肢关节肿胀　　图 9-7　慢性猪丹毒：背部皮肤坏死脱落

皮肤出现红斑为特征。全身淋巴结发红、肿大，切面多汁，呈浆液性出血性炎症。脾充血、急性肿大，呈樱桃红色，有"白髓周围红晕"现象（图 9-8）。肺充血、水肿，肺小叶间质明显水肿增宽（图 9-9）。肾脏体积增大，呈弥漫性暗红色，俗称"大紫肾"（图 9-10），纵切面皮质部有小出血点。病猪胃底及幽门部黏膜发生弥漫性出血（图 9-11），十二指肠及空肠前部出血性炎症。

　　2.疹块型　以皮肤疹块为特征变化。疹块与生前无明显差异。

　　3.慢性型关节炎　四肢关节肿胀，有多量浆液性纤维

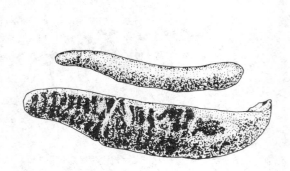

图 9-8　急性猪丹毒：脾脏急性肿大　　图 9-9　急性猪丹毒：肺脏明显充血水肿

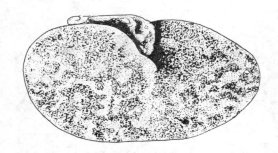

图 9-10　急性猪丹毒：肾脏充血水肿（大紫肾）　图 9-11　急性猪丹毒：胃黏膜出血性卡他

素性渗出液（图 9-12），黏稠或带红色，后期滑膜绒毛增生肥厚。

4.慢性心内膜炎　表现为溃疡性或呈花菜样疣状赘生性心内膜炎。一个或数个瓣膜发炎，多见于二尖瓣膜（图 9-13）。

▶ 诊断要点

根据本病临床特征，一般可做出初步诊断。进行细菌分离培养鉴定，发现猪丹毒丝菌（图 9-14），即可确诊。

▶ 预防

加强饲养管理，提高猪群的自然抗病能力。定期消

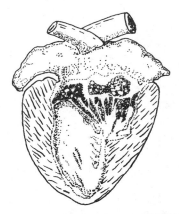

图 9-12 慢性猪丹毒：关节炎，关节腔增生物　　图 9-13 慢性猪丹毒：左心瓣膜增
　　　　　　　　　　　　　　　　　　　　　　　　　　生性炎症

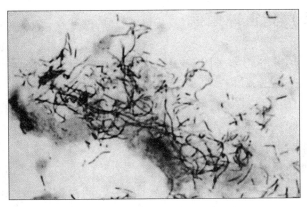

图 9-14　病料涂片中的猪丹毒丝菌
（陈怀涛.兽医病理学原色图谱.2008）

毒。同时每年春秋或夏冬四季定期进行疫苗接种，可选
用猪丹毒灭活菌苗、猪丹毒 GC42 弱毒菌苗、三联活疫苗
或二联灭活菌苗。

▶ **治疗**

见表 9-2。

表 9-2　猪丹毒的治疗

常用药物	用 法 和 用 量
青霉素	每千克体重 1 万单位，静脉注射（1 次）＋肌内注射（2 次/天） 肌内注射：20 千克体重以下 20 万单位，50 千克体重以下 40 万单位，50 千克体重以上 100 万单位（发病后 36 小时内）
四环素	每千克体重 7～15 毫克，肌内注射（1 次/天）
泰乐霉素	每千克体重 2～10 毫克，肌内注射（2 次/天）
洁霉素	每千克体重 10 毫克，肌内注射（1 次/天）
抗猪丹毒高免血清	仔猪 5～10 毫升，育肥猪 30～50 毫升，成年猪 50～70 毫升，肌内注射（2 次）

（四）猪链球菌病

猪链球菌病是由 C、D、E 和 L 群链球菌引起猪的多种疾病的总称。急性型表现为败血症和脑炎，常由 C 群链球菌引起，发病率和死亡率高；慢性型则以关节炎、心内膜炎、淋巴结脓肿和组织化脓为特征，其中由 E 群链球菌引起的淋巴结脓肿流行最广。

病原特征

链球菌对热抵抗力不强，对一般消毒剂敏感，0.1%新洁尔灭、2%石炭酸、1%煤酚皂液均可在 3～5 分钟内杀死该菌。

流行特点

链球菌在自然界分布广泛，不同年龄的猪都有易感性，但以 30～60 千克的架子猪多发。新生仔猪、哺乳仔猪的发病率和病死率较高，多为败血症型和脑炎型；架子猪和怀孕母猪以化脓性淋巴结炎多见。链球菌可经口、鼻和皮肤伤口感染猪。本病一年四季都可发生，为地方流行性，在新疫区呈暴发性流行，多数为急性败血型。

临床特征

见表9-3。

表9-3 猪丹毒的临床特征

疾病类型	主 要 症 状
急性败血型	体温升高至 40～42℃，呈稽留热。食欲废绝，眼结膜潮红，流出浆液性或脓性鼻液，便秘或腹泻，腹下部、四肢皮肤出现紫红色斑块（图 9-15）。有时全身皮肤瘀血，呈暗红色（图 9-16），有出血点。严重病例出现共济失调，磨牙，空嚼或昏睡。常在 1～5 天死亡
脑膜脑炎型	多见于哺乳仔猪和断奶仔猪。病初体温升高，流浆液性或黏液性鼻液，出现神经症状，表现为眼球震颤，四肢共济失调，出现转圈、磨牙、后肢麻痹、站立不稳和爬行。部分病例突然倒地，四肢呈游泳状，口吐白沫，甚至昏迷不醒（图 9-17），急性者很快死亡
关节炎型	由前两型转化而来。一肢或多肢关节肿胀（图 9-18），疼痛，跛行。重者不能站立，精神和食欲时好时坏，衰弱死亡或逐渐恢复，病程 2～3 周
淋巴结脓肿型	以颌下淋巴结脓肿最为常见（图 9-19），有时可见咽部或颈部淋巴结化脓。初期淋巴结出现小脓肿，以后逐渐增大，触摸坚硬、有热感，病猪疼痛、敏感。采食量明显下降，吞咽、呼吸困难。后期脓肿成熟，自行破溃，流出脓汁，病猪症状随之减轻，逐渐康复

病理变化

1.急性败血型 以出血性败血症和浆膜炎为主。耳后、腹下及四肢末端皮肤有紫斑，黏膜、浆膜、皮下出血，鼻黏膜紫红色、充血及出血。心冠状沟和心内膜有出血点及出血斑。喉头、气管黏膜出血，常见大量泡沫。肺充血、肿胀，表现小叶性炎症（图 9-20）。脾脏急性肿大 1～3 倍，呈暗红色（图 9-21），质地柔软。淋巴结有不同程度的充血、出血、肿大。

2.脑膜脑炎型 脑膜血管高度扩张充血，脑膜出血（图 9-22），脑脊髓液增量，部分病例脑膜下水肿，脑切

图 9-15　猪链球菌病：腹部、四肢皮肤发紫　　图 9-16　猪链球菌病：全身皮肤瘀血

图 9-17　猪链球菌病：四肢呈游泳状　　图 9-18　猪链球菌病：后肢跗关节肿胀

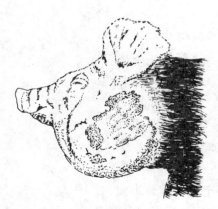
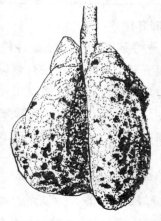

图 9-19　猪链球菌病：颌下淋巴结脓肿　　图 9-20　猪链球菌病：急性肺脏小叶性炎症

面有针尖大的出血点。慢性病例可见增生性心瓣膜炎症（图 9-23）。

3.关节炎型　四肢关节炎症、肿大（图 9-24），关节周围皮下有胶样水肿，关节囊滑膜面出血，关节囊内有黄色胶冻样或纤维素性脓性渗出物。

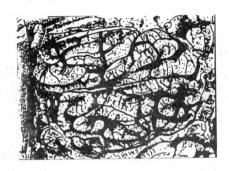

图 9-21　猪链球菌病：脾脏急性肿大　　图 9-22　猪链球菌病：脑膜充血，出血

图 9-23　猪链球菌病：增生性心瓣膜炎　　图 9-24　猪链球菌病：四肢关节炎症，肿大

▶ **预防**

搞好环境卫生，正确处理粪便，及时驱除寄生虫，增强猪的抵抗力。选用氨苄青霉素、庆大霉素、氟苯尼

考、头孢类和磺胺类等敏感药物进行预防。

> **治疗**

对病猪应进行隔离和治疗。青霉素单独治疗效果不佳，早期可大剂量应用磺胺类药物，与氨苄青霉素和庆大霉素混合使用，效果更好。

（五）猪炭疽

炭疽是由炭疽杆菌引起各种家畜、野生动物和人类共患的急性败血性传染病。猪发病以亚急性或慢性居多，其特点是形成局部炭疽痈。

> **病原特征**

炭疽杆菌是革兰氏阳性细菌，对外界环境抵抗力弱，但其芽孢抵抗力很强。10%~20%漂白粉、0.5%过氧乙酸和2%~4%甲醛可用作本病的消毒剂。

> **流行特点**

猪多为散发，夏季发生稍多，主要通过消化道感染，猪和人的易感性较低。

> **临床特征**

1.咽型　猪最为常见。病猪体温升高，精神沉郁，咽喉明显肿胀，吞咽和呼吸困难（图9-25），颈部水肿，口鼻黏膜发绀。多数病猪在水肿出现后24小时以内，因窒息死亡。

2.肠型　主要表现为病猪呕吐、不吃或排血痢。

3.隐性型　猪生前无明显症状，多在屠宰后肉品检验时才被发现。

> **病理变化**

怀疑为炭疽病时，禁止解剖。确实要解剖时，注意人员防护和环境安全。

1.急性败血型　病死猪迅速腐败，尸僵不全，血凝不良，黏稠如煤焦油样。黏膜暗紫色，皮下、肌肉及浆膜有红色或黄色胶冻样浸润，并见出血点。脾脏高度肿大，变黑、质软，切面脾髓软如泥状，暗红色。淋巴结肿大、出血。

2.咽型 扁桃体出血、坏死，喉头、会咽、颈部组织发生炎性水肿（图 9-25）。颌下淋巴结、咽淋巴结出血性坏死性炎症，色似红砖，切面散在坏死灶，淋巴结周围出现严重的出血性胶冻样肿胀。

3.肠型 小肠肠壁粗糙、水肿，肠浆膜和黏膜出血，肠腔积有出血性内容物，肠黏膜表面有纤维素样附着物，肠系膜水肿、增厚，肠系膜淋巴结出血、水肿和坏死（图 9-26）。

4.隐性型 最常见的病变在颌下淋巴结，表现为淋巴结肿大、出血、坏死，切面干燥、无光泽、呈砖红色，有灰色或灰黄色坏死灶，周围组织有黄红色浸润。有时可见肺炭疽，常见心叶或膈叶前下缘有出血性痈肿（图 9-27），周围肺组织充血、出血和水肿。

▶ 诊断要点

根据流行特点、临床症状及病理变化，一般可作出初步诊断。确诊须进行细菌分离培养鉴定，发现单个或成双、菌端平直、有荚膜的粗大杆菌（图 9-28），即可

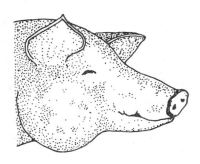

图 9-25 猪炭疽：咽型炭疽痈

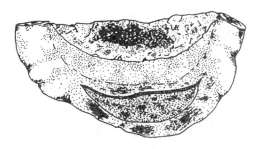

图 9-26 猪炭疽：小肠炭疽痈

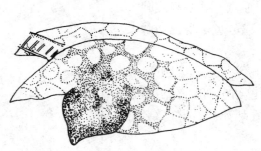

图 9-27　猪炭疽：肺炭疽痈

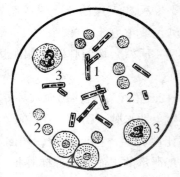

图 9-28　猪炭疽：炭疽杆菌呈竹节状，有荚膜

确诊。

> **防治**

　　一旦发病，立即用抗炭疽血清 50~100 毫升和抗生素（青霉素、四环素等）治疗，并尽快上报疫情，采取封锁、隔离、消毒措施，尸体应深埋或焚烧处理，尽快扑灭疫情。加强屠宰猪只的检疫，特别是做好头部检疫，同时，操作人员应注意个人防护。

（六）猪结核病

　　结核病是由结核分枝杆菌引起人和多种家畜共患的一种慢性传染病。其特征是在组织器官内形成结核结节和干酪样坏死灶。

> **病原特征**

　　结核分枝杆菌①是革兰氏阳性细菌，有人型、牛型和禽型三种，对外界环境的抵抗力很强，常用消毒药可将其杀死，在 70%酒精、10%漂白粉或 3%甲醛溶液中很快死亡。

> **流行特点**

　　猪结核病主要通过消化道、呼吸道及损伤的皮肤黏

①分枝杆菌属分为牛分枝杆菌、禽分枝杆菌和结核分枝杆菌三个型，这三型分枝杆菌均可感染猪，猪禽分枝杆菌最为易感。

膜感染。发病无季节性和地区性，一般散发，发病率和
病死率都不高。

临床特征

结核病猪一般生前无明显症状，可以见到消瘦、咳
嗽、气喘和腹泻等症状。

病理变化

猪结核病多表现为咽部、颈部及肠系膜的淋巴结结
核。颌下淋巴结被膜增厚，切面呈灰白色干酪样坏死，
失去原有结构（图9-29）。肠系膜淋巴结肿大，散在灰黄
色干酪样坏死点（图9-30），有时可形成拇指大的硬块，
表面凹凸不平，与周围皮肤、黏膜粘连，不热不痛，硬
结化脓破溃后，可长期排出脓汁和干酪样物质。猪的全
身性结核少见，有时可在肝、脾等器官形成结核结节
（图9-31、图9-32）。

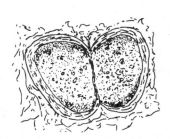

图9-29　猪结核病：颌下淋巴结结核

图9-30　猪结核病：肠系膜淋巴结结核

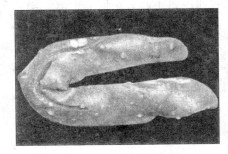

图9-31　脾结核结节

（陈怀涛.兽医病理学原色图谱.2008）

图9-32　肝结核结节

（陈怀涛.兽医病理学原色图谱.2008）

> **诊断要点**

　　根据流行特点、临床症状及病理变化，一般可作出初步诊断。确诊须进行细菌分离培养鉴定和动物试验，也可采用结核菌素试验①。

> **防治**

　　结核分枝杆菌对链霉素、异烟肼、对氨基水杨酸和环丝氨酸等敏感。在实际生产中一般采取对发病猪群进行多次检疫，阳性猪立即淘汰的方法，建立健康猪群。发病猪场的管理人员、技术人员、饲养员应注意个人防护。

（七）猪坏死杆菌病

　　猪坏死杆菌病是由坏死杆菌引起猪的一种慢性传染病。猪多以皮下和消化道黏膜坏死，在内脏形成转移性坏死灶为特征。

> **病原特征**

　　坏死杆菌是革兰氏阴性细菌，抵抗力不强，常用消毒药可将其杀死。

> **流行特点**

　　本病一般散发，有时呈地方性流行，主要通过损伤的皮肤、黏膜感染，吸血昆虫也起着重要的扩散作用。

> **临床和病理特征**

　　1.坏死性皮炎　常见于仔猪及架子猪。大多发生在颈、胸、臀部皮肤，特征是皮肤及皮下组织发生坏死、溃疡。有时可见肢体末端损伤后感染坏死杆菌，发生皮肤坏疽，出现尾部坏死（图9-33）、蹄部坏死脱落等（图9-34）。

　　2.坏死性口炎　多见于仔猪，表现为口腔黏膜潮红，在舌、齿龈、上腭、颊及咽等处有粗糙、污秽、灰白色

①指使用牛型、禽型两种结核菌素在猪两侧耳根做皮内注射，观察耳根红肿情况，判定变态反应是否阳性，主要用于猪结核病的诊断。

图 9-33 猪坏死杆菌病：尾部坏死　　　图 9-34 猪坏死杆菌病：蹄部坏死脱落

的伪膜（图 9-35），强力撕脱后露出易出血的不规则的溃疡灶。

多数坏死杆菌病死猪的肝脏中发现有转移性的坏死灶，呈灰黄色圆形结节，切面干燥（图 9-36）；有的形成脓疡，外面包裹纤维结缔组织。

➤ 诊断要点

根据流行特点、临床症状及病理变化，一般可作出

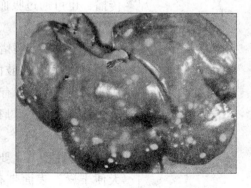

图 9-35　舌面上形成坏死性伪膜　　　图 9-36　坏死性肝炎

（陈怀涛.兽医病理学原色图谱.2008）　　（陈怀涛.兽医病理学原色图谱.2008）

初步诊断。确诊须进行细菌分离培养鉴定和动物试验。

> **预防**

目前尚无疫苗用于本病的预防，主要采取综合性预防措施，防止猪争斗咬伤、擦伤。

> **治疗**

加强卫生管理，清除发病诱因，同时进行外科处理和药物治疗，可以取得较好的疗效。

(八) 猪附红细胞体病

附红细胞体病是由附红细胞体引起多种动物共患的一种热性、溶血性传染病。以发热、贫血、黄疸和怀孕母猪流产为特征。

> **病原特征**

附红细胞体属立克次体，对干燥和化学药剂的抵抗力很低，常用消毒剂可将其杀死。

> **流行特点**

本病主要发生于仔猪和架子猪，死亡率较高，多发于夏秋或雨水多的季节，但南方冬季主要通过直接接触传播，也可通过吸血昆虫等媒介间接传播。

> **临床特征**

1.**急性型**　病猪体温升高，便秘或拉稀，耳、颈下、胸前、腹下、四肢内侧等部位皮肤红紫，指压不褪色，成为"红皮猪"。有的病猪两后肢发生麻痹，卧地不起。多数病例死亡。母猪急性感染表现为高热稽留，厌食，发生乳房炎和流产。

2.**慢性型**　主要表现为贫血和黄疸。患猪尿呈黄色，大便干燥，表面带有黑褐色或鲜红色的血液。母猪表现衰弱，黏膜苍白及黄疸，不发情或不孕。

> **病理变化**

　　病猪主要病变为皮下黏膜和浆膜苍白、黄染。肠系膜、大网膜弥漫性黄染（图9-37）。皮肤及黏膜苍白，全身性皮肤黄疸（图9-38），皮下组织水肿，多数有胸水和腹水。肝脏肿大、质硬，表面有黄色条纹状或灰白色坏死灶。胆囊膨胀，内部充满浓稠明胶样胆汁。脾脏肿大、变软、呈暗黑色。肾脏肿大，有微细出血点或黄色斑点，切面黄染严重（图9-39）；有时淋巴结水肿。

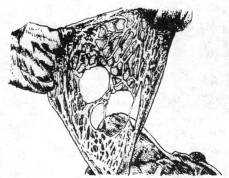

图9-37　猪附红细胞体病：大网膜黄染

图9-38　猪附红细胞体病：全身性皮肤贫血黄疸

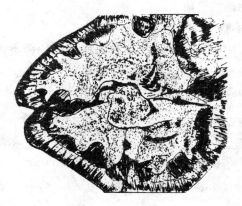

图9-39　猪附红细胞体病：肾脏切面黄染

诊断要点

根据流行特点、临床症状及病理变化，一般可作出初步诊断。确诊须进行病原学诊断和血清学检查，在病猪血液红细胞表面发现附红细胞体（图 8-40），即可确诊。

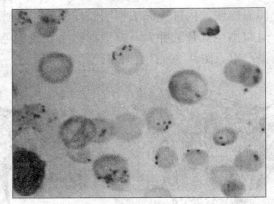

图 9-40　病猪血液红细胞表面的附红细胞体
（陈怀涛.兽医病理学原色图谱.2008）

预防

加强饲养管理，保持猪舍、饲养用具卫生，防止昆虫叮咬猪群。购入新猪要进行血液检查，防止引入病猪或隐性感染猪。

治疗

用于治疗猪附红细胞体病的药物种类很多，但对病程较长和症状严重的猪，效果都不理想。可参考使用下列药物（表 9-4）。

表 9-4　猪附红细胞体病的治疗

使用药物	用法和用量
贝尼尔	每千克体重 5～10 毫克，配 5% 溶液，分点肌内注射，1 次/天，连用 3 天
四环素	每千克体重 10～20 毫克，肌内注射，2 次/天，连用 5～7 天
咪唑苯脲	每千克体重 2 毫克，肌内注射，1 次/天，连用 3～5 天

十、猪皮肤黏膜疾病的防治

目标 ● 掌握猪水疱疹、猪水疱性口炎、猪痘、猪疥螨病、猪虱病的基本特点、临床特征和防治方法。

（一）猪水疱疹

猪水疱疹是猪的一种急性、热性和接触性传染病。主要特征是在猪的口、鼻、乳房和蹄部形成水疱。

病原特征

猪水疱疹病毒抵抗力较强，2%氢氧化钠溶液可以杀灭病毒。

流行特点

病猪和隐性感染猪是本病的主要传染源，主要通过直接接触或消化道感染。

临床特征

病猪初期在唇、齿龈、舌、腭、鼻镜、乳房及蹄冠、趾间出现充血，继而形成透明或淡黄色液体的水疱，水疱自行破溃，皮肤糜烂，形成干痂。哺乳仔猪死亡率高，成年猪死亡率低。

诊断要点

根据临床症状很难做出诊断，必须进行实验室诊断，主要采取乳鼠感染试验，与口蹄疫、水疱病和猪水疱性口炎相区别。也可进行中和试验。

▶ 防治

本病目前尚无有效防治措施，发生疫情时所采取的措施与口蹄疫相同。

（二）猪水疱性口炎

水疱性口炎是由水疱性口炎病毒引起的高度接触性人畜共患传染病。临床上以舌、唇、口腔黏膜、乳头和蹄冠等处上皮发生水疱为主要特征。

▶ 病原特征

水疱性口炎病毒不耐碱。2%氢氧化钠和1%福尔马林可以杀死病毒。

▶ 流行特点

牛（羊）、猪都可感染发病，多在夏秋季（7~8月）发生，主要通过损伤的皮肤和黏膜接触感染，也可经消化道感染。

▶ 临床特征

猪感染早期表现为发热，口腔（舌、唇）、鼻端和蹄部出现白色至灰黄色水疱，内部充满黄色液体，水疱常成群聚集。水疱破裂，表皮脱落，留下糜烂和溃疡病变。若无继发感染和混合感染，病猪一般可康复。

▶ 病理变化

除水疱性病变以外，本病无明显内脏病理变化。

▶ 诊断要点

根据发病的季节性、发病率和典型的水疱病变，可作出初步诊断。确诊必须通过病毒分离鉴定、中和试验和补体结合试验。注意水疱性口炎、口蹄疫、水疱病及水疱疹的鉴别。

▶ 防治

本病一般不引起猪死亡，加强饲养管理，改善环境卫生，使用抗菌药物防止继发感染。猪发生本病后，应立即隔离病猪和可疑病猪，严格封锁疫区，对一切用具、物品和环境进行彻底消毒。流行严重的地区可用病猪组织脏器制备结晶紫甘油疫苗进行免疫接种。

（三）猪痘

猪痘是由痘病毒引起的一种急性、热性和接触性传染病。其特征是皮肤和黏膜上发生特殊的红斑、丘疹、脓疱和结痂。

▶ 病原特征

猪痘病毒对干燥和寒冷抵抗力很强，对常用消毒药敏感。

▶ 流行特点

本病以4~6周龄的仔猪多发，主要由猪血虱、蚊、蝇等体外寄生虫进行传播。本病发生于任何季节，在阴雨寒冷、猪舍潮湿污秽以及卫生差、营养不良等情况下流行比较严重，发病率很高，死亡率低。

▶ 临床特征

病猪体温升高到41℃以上，鼻黏膜和眼结膜有黏液性分泌物，在下腹部和四肢内侧、鼻镜、眼睑、面部皱褶等无毛或少毛部位，出现痘疹（图10-1）。典型的猪痘病灶，初为深红色的硬结节，突出于皮肤表面，擦破痘疱后形成痂壳，导致皮肤增厚，呈皮革状。在强行剥落后，初为深红色，后呈现暗红色溃疡，后期痂皮裂开、脱落，露出新生肉芽组织，经2~3次蜕皮后长出新皮。腹股沟淋巴结发病初期肿大，脓包期结束时，基本恢复正常。

▶ 病理变化

痘疹病变主要发生于鼻镜、鼻孔、唇、齿龈、颊部、

图 10-1　猪痘：病猪皮肤痘疹

乳头、齿板、腹下、腹侧和四肢内侧的皮肤等处，也可发生在乳房皮肤（图 10-2）。死亡猪的咽、口腔、胃和气管常发生疱疹。

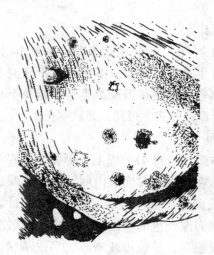

图 10-2　猪痘：乳房皮肤痘疹

▶ 诊断要点

根据流行病学、临床症状可进行诊断。确诊需进行病原分离鉴定或动物接种。

▶ 预防

加强饲养管理，改善畜舍条件，加强猪本身抵抗力，一般不会造成损失。

治疗

该病没有特效的治疗药物，一般不需要治疗，能自愈。为防治局部继发感染，可选用抗生素软膏、1%龙胆紫溶液、5%碘甘油涂抹在患部。

（四）猪疥螨病

猪疥螨病俗称猪癞，是猪疥螨寄生于猪皮肤内引起的一种慢性皮肤寄生虫病。临床上以剧痒及皮肤发炎、脱毛、结痂为特征。

病原特征

猪疥螨呈淡白色、圆形、似龟状，寄生在挖凿的宿主皮肤隧道内，并在隧道内完成卵、幼虫、若虫和成虫的生长发育史。

流行特点

本病呈世界性分布，有明显的季节性，寒冬季节最为严重。健康猪与患猪直接接触感染，幼猪发病较严重。

临床特征

本病常见于5月龄以内的幼猪，成年猪没有明显症状而成为带虫者。本病从头部、眼下窝、耳壳等处开始，逐渐蔓延到颈部、背部、腹部及四肢内侧。患猪局部剧痒，躁动不安，不断摩擦，引起被毛脱落和皮肤发炎、出血，并伴有淋巴液渗出，形成痂皮。重症者皮肤脱屑、脱毛，皮肤角质层增厚、失去弹性，形成皱褶或龟裂（图10-3）。如有化脓菌感染时，形成化脓灶。

诊断要点

根据流行特点、临床特征，结合虫体检查，在低倍镜下发现疥螨（图10-4），即可确诊。

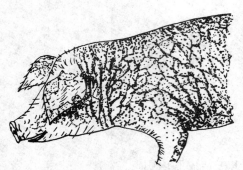

图 10-3 猪疥螨病：皮肤脱屑、脱毛，
形成痂皮或龟裂

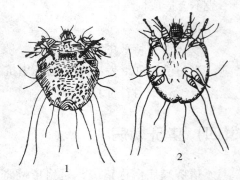

图 10-4 猪疥螨病：疥螨
1.背面 2.腹面

▶ 预防

加强饲养管理，搞好猪舍卫生，应用杀螨药，彻底消毒猪舍及用具等。发现病猪，立即使用高效杀螨药进行治疗。做好饲养员的个人卫生和防护。

▶ 治疗

见表 10-1。

表 10-1 猪疥螨病的治疗

治疗药物	用法和用量
伊维菌素注射液	每千克体重 0.3 毫升，皮下注射，严重感染，重复用药一次
敌百虫	1%水溶液，涂擦患部，注意防止中毒
虫克星	每千克体重 0.1 克，拌料喂服，半月后重复用药一次
溴氰菊酯乳油	0.05%溶液，喷洒，间隔 5 天，重复用药一次

（五）猪虱病

猪虱病是由猪血虱寄生于猪体表引起的一种慢性皮肤寄生虫病。临床上以剧痒及皮肤损伤、脱毛、发炎化脓为特征，是猪常见的、永久寄生的、对猪危害较大的寄生虫病。

> **病原特征**

  猪血虱个体较大，背腹扁平，头部呈长圆锥形，为不完全变态昆虫。

> **流行特点**

  猪血虱属永久性寄生虫，本病有明显的季节性，寒冬季节最为严重，健康猪与患猪直接接触感染，幼猪发病较严重。

> **临床和病理特征**

  猪血虱主要寄生在体表被毛稠密、皮肤较薄、湿度较大的耳壳和腹下、股部内侧等部位。患猪局部剧痒，躁动不安，不断摩擦，引起被毛脱落和皮肤发炎、出血。如有化脓菌感染时，形成化脓灶。在寄生部位的被毛上有大量灰白色的血虱卵附着（图10-5）。

  患猪皮肤损伤、脱毛，在寄生部位皮肤形成小结节、小出血点和坏死灶。患猪消瘦，发育停滞，生产性能下降。

> **诊断要点**

  根据流行特点、临床特征，结合虫体检查，在低倍镜下发现猪血虱（图10-6），即可确诊。

图 10-5　猪血虱卵

（陈怀涛.兽医病理学原色图谱.2008）

图 10-6　猪血虱成虫

（陈怀涛.兽医病理学原色图谱.2008）

预防

加强饲养管理，搞好猪舍卫生，应用杀虫药，彻底消毒猪舍及用具等。发现病猪，立即使用高效杀虫药进行治疗。做好饲养员的个人卫生和防护。

治疗

治疗药物、用法和用量参考猪疥螨病。

十一、猪常见其他疾病的防治

目标 ● 掌握猪旋毛虫病、猪肺线虫病、猪囊尾蚴病、猪细颈囊尾蚴病、新生仔猪溶血病、新生仔猪低血糖症、猪亚硝酸盐中毒、猪氢氰酸中毒、猪黄曲霉毒素中毒、猪赤霉菌毒素中毒、猪铜中毒的基本特点、临床特征和防治方法。

（一）猪旋毛虫病

猪旋毛虫病是由猪旋毛虫成虫寄生在猪的小肠、幼虫寄生于身体各部位肌肉引起的一种重要的人畜共患寄生虫病。本病呈世界性分布，我国以华南、华中及东北地区流行较广，人由于吃未煮熟的患病猪肉而发生严重感染，常常可以造成死亡。

▶ 病原特征

旋毛虫的成虫和幼虫寄生于同一个宿主，成虫寄生于猪的小肠，称为肠旋毛虫；幼虫寄生在猪的横纹肌中，称为肌旋毛虫，其中以膈肌、腰肌、肋间肌、舌肌、咬肌等部位寄生数量多，但其发育繁殖需要更换宿主（图11-1）。幼虫移行到肌肉内，引起肌纤维变性、肿胀、增生，导致幼虫在横纹肌内形成包囊，包囊呈纺锤形，囊内有一条或多条虫体，幼虫呈螺旋形卷曲，包囊长轴与肌纤维平行（图 11-2），时间长可钙化。

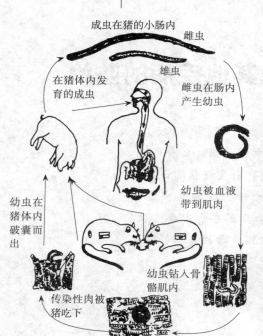

图 11-1　猪旋毛虫病：旋毛虫发育史　　图 11-2　猪旋毛虫病：肌肉中旋毛虫包囊

> **流行特点**

旋毛虫病在世界各地均有发生，常呈地方性流行，我国以华中地区较为普遍，是一种重要的人畜共患病。旋毛虫有很强的抵抗力，但 70℃以上的高温数分钟内可杀死虫体。

> **临床特征**

自然感染的患猪无明显症状。严重感染时，患猪表现为食欲减退、呕吐、腹泻；幼虫进入肌肉后，引起肌肉发炎、僵硬，肌肉疼痛或麻痹，运动障碍，声音嘶哑，并呈现不同程度的呼吸、咀嚼与吞咽障碍，逐渐消瘦、衰弱。

诊断要点

自然感染的患猪无明显症状，故生前诊断比较困难，若怀疑猪生前感染旋毛虫病，可采用酶联免疫吸附试验等血清学方法进行诊断。

一般情况下，猪旋毛虫病是在宰后肉检中发现的，肉检时，一般以肉眼检查为主，并结合显微镜检查，发现猪肌肉中的旋毛虫及其包囊即可确诊。

预防

加强卫生宣传工作，普及旋毛虫病预防知识。严格执行肉品卫生检验制度，加强市场检疫。加强饲养管理，搞好猪场的清洁卫生，加强灭鼠。提倡熟食，养成良好的卫生习惯，以防止旋毛虫病的感染。

治疗

目前对旋毛虫病尚无有效治疗方法，可试用噻苯咪唑、康苯咪唑、丙硫咪唑等药物治疗。

（二）猪肺线虫病

猪肺线虫病又称猪肺丝虫病，是由长刺后圆线虫和复阴后圆线虫寄生于猪的支气管和细支气管引起的一种线虫病。临床上以寄生虫性支气管肺炎为特征。

病原特征

猪肺线虫病的病原为长刺后圆线虫和复阴后圆线虫。虫体呈乳白色或灰白色，丝线状。虫卵呈椭圆形，灰色，表面不光滑，带有细小的乳状突起。

流行特点

猪肺线虫病分布于全国各地，常呈地方性流行，对仔猪危害性很大，是猪的重要寄生虫病之一。本病主要通过消化道感染，蚯蚓是中间宿主。

> #### 临床和病理特征

患猪主要表现为消瘦，发育不良，食欲减退，精神沉郁。阵发性咳嗽，特别是在清晨、采食或运动后加剧。肺部有啰音，呼吸困难，最后衰竭而死亡。

主要病变为寄生虫性支气管肺炎，可见支气管和细支气管黏膜充血、肿胀，支气管中寄生有大量肺线虫（图11-3），造成局部管腔阻塞，肺泡萎陷、气肿，肺脏充血、出血，在肺膈叶外侧边缘，可见灰白色肺气肿病灶（图11-4）。

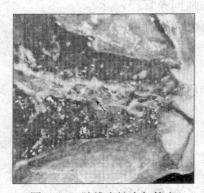

图11-3　肺线虫性支气管炎
（陈怀涛.兽医病理学原色图谱.2008）

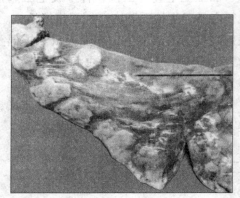

图11-4　肺气肿
（陈怀涛.兽医病理学原色图谱.2008）

> #### 诊断要点

根据临床表现、流行特点、剖检变化，找出虫体即可确诊。生前常用硫酸镁溶液漂浮集卵法检查粪便，发现虫卵即可确诊。

> #### 预防

加强饲养管理，注意环境卫生。定期清扫，消毒，消灭猪场蚯蚓，猪粪堆积发酵。春秋两季各驱虫一次，平均间隔两个月再驱虫一次，效果更好。

> #### 治疗

可使用丙硫苯咪唑、盐酸左旋咪唑、伊维菌素注射液等药物治疗。

（三）猪囊尾蚴病

猪囊尾蚴病俗称猪囊虫病，是由猪带绦虫的幼虫——猪囊尾蚴寄生于猪肌肉中引起的一种寄生虫病。由于幼虫在肌肉中呈白色的囊状，故称为猪囊虫、米猪肉或豆猪肉，是我国重点防治的人畜共患寄生虫病之一。

▶ 病原特征

猪囊尾蚴是猪带绦虫的幼虫。虫体为米粒大到黄豆大的白色半透明包囊，囊内充满囊液，囊上有一个乳白色小结节。

▶ 流行特点

猪囊虫病呈全球分布，我国大多数地区均有本病发生。一般多为散发，有散养猪习惯、人无厕所的地区，猪囊虫病的发病率较高。本病主要通过消化道感染，人吃生猪肉或未煮熟的猪肉，容易感染猪带绦虫病。

▶ 临床和病理特征

患猪一般症状不明显，某些器官强度感染时，可见贫血、消瘦、水肿，衰竭甚至死亡。寄生在肺及喉头时，出现呼吸困难、吞咽困难、声音嘶哑；寄生在眼内，可造成视觉障碍，甚至失明；寄生在大脑时，引起癫痫症状，以至死亡。

严重感染的猪肉苍白、湿润，可在部分肌肉（图11-5）、心脏（图11-6）、大脑（图11-7）、眼、舌肌（图11-8）等处找到囊尾蚴，表现为米粒大小、石榴籽样包囊，充满透明囊液，内含乳白色头节，周围组织细胞浸润，纤维变性。

▶ 诊断要点

生前诊断比较困难。根据严重病例表现出的特殊症

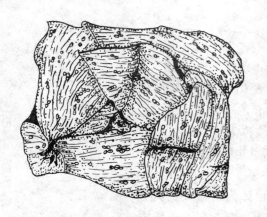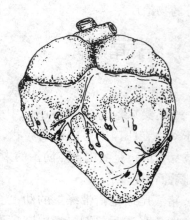

图 11-5　猪囊尾蚴病：肌肉中寄生的小囊泡　图 11-6　猪囊尾蚴病：心肌上寄生的小囊泡

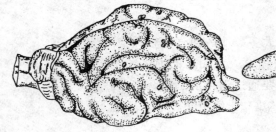

图 11-7　猪囊尾蚴病：脑组织上
寄生的小囊泡

图 11-8　猪囊尾蚴病：舌肌上
寄生的小囊泡

状可以确诊，如猪眼突出，眼睑浮肿，呼吸粗粝，肩胛部增宽，舌下、眼结膜、股内侧肌、颊部等处触之有颗粒感等。

使用免疫学方法可进行快速而准确的判断，如间接血凝反应碳素凝集法、皮内变态反应、环状沉淀试验等。

▶预防

严格肉品检验制度，严禁含囊虫的猪肉上市。严格饲养管理制度。要求猪群和人厕严格分开，禁止随地大便。彻底驱除人体绦虫，杜绝虫卵对环境的污染。提倡熟食，养成良好的卫生习惯，以防止囊虫病的感染。

> **治疗**

可使用丙硫苯咪唑、吡喹酮等药物治疗。

（四）猪细颈囊尾蚴病

猪细颈囊尾蚴病俗称猪细颈囊虫病，是由泡状带绦虫的幼虫——细颈囊尾蚴寄生于猪的肝脏、浆膜、网膜及肠系膜等处引起的一种寄生虫病。主要影响幼龄和青年猪的生长和增重，严重感染可导致仔猪的急性死亡。

> **病原特征**

细颈囊尾蚴俗称水铃铛、水泡虫，为泡状带绦虫的幼虫，虫体呈囊泡状，豌豆到鸡蛋大小，乳白色，囊泡内充满透明液体，主要寄生在猪的肝脏和腹腔内。

> **流行特点**

细颈囊尾蚴在世界上分布很广，凡是有犬的地方，均有此病发生。成虫寄生于犬的小肠，虫卵抵抗力很强，在外界环境中长期存在，导致本病广泛散布。

> **临床和病理特征**

本病多呈慢性经过，成年猪一般无明显症状，幼猪可能出现急性出血性肝炎和腹膜炎症状。患猪表现为贫血、消瘦，可视黏膜黄疸，生长发育停滞，严重病例可因腹水或腹腔内出血而发生急性死亡。

病变特征为肝脏肿大、呈灰褐色和黑红色，有很多小结节和小出血点，腹膜炎和腹腔积液。慢性病例，在肝脏表面、肠系膜及网膜寄生有大量大小不等的卵泡状细颈囊尾蚴（图11-9），囊内充满透明液体。

> **诊断要点**

生前诊断尚无有效方法，剖检时发现肝脏、肠系膜上寄生有细颈囊尾蚴，结合临床症状和流行情况，方可确诊。

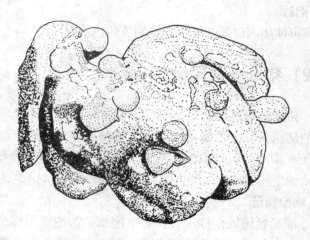

图 11-9　猪细颈囊尾蚴病：肝脏表面寄生的卵泡状细颈囊尾蚴

▶ **预防**

禁止将细颈囊尾蚴感染的肝脏及其他内脏喂犬。防止犬进入猪舍，给犬定期驱虫，捕杀病犬及野犬。

▶ **治疗**

可使用丙硫苯咪唑、吡喹酮等药物治疗。

（五）新生仔猪溶血病

新生仔猪溶血病是指新生仔猪吸吮初乳后引起的一类急性溶血性疾病。临床上以贫血、黄疸、血红蛋白尿等为特征。

▶ **病因和发病机理**

本病的发生是由于含有特定抗原的种公猪与不含特定抗原的种母猪配种后，这种特定抗原遗传给胎儿，刺激母体产生一种抗仔猪红细胞的抗体，这种抗体分子量很大，不能通过胎盘进入胎儿体内，只能通过血液进入乳汁，在初乳内蓄积，所以胎儿出生前并不生病，一旦出生后，吸吮了含有这种抗体的初乳，即发生免疫反应，导致溶血病的发生。

▶ 临床特征

仔猪出生后膘情良好、精神活泼，吸吮初乳后数小时内发病，主要表现为停止吸吮乳汁，被毛粗乱，后躯摇摆，眼结膜和齿龈黏膜黄染，尿液透明、呈红棕色，心跳、呼吸加快，一般经 2~3 天，衰竭而死。

▶ 病理变化

皮肤及皮下组织严重黄染，全身网状组织呈黄色，肝脏呈现不同程度的肿胀，脾脏呈褐色、肿大，肾脏充血、肿大，膀胱内积聚暗红色尿液。

▶ 诊断要点

根据发病原因、临床症状、剖检变化，结合血液检查及血清范登堡试验，可以确诊。

▶ 防治

立即停止喂母乳，寄养于其他母猪或人工哺乳。同时补充 5%葡萄糖和 3%碳酸氢钠生理盐水，一般 3 日后可恢复正常，15 日后黄疸消失。

（六）新生仔猪低血糖症

新生仔猪低血糖症是由各种原因引起仔猪血糖低于正常值的一种营养代谢性疾病。临床上以明显的神经症状为特征，死亡率较高。

▶ 病因和发病机理

本病主要发生于母猪妊娠期营养不良、肝糖原储存不足而产下的弱仔；或吮乳不足的新生仔猪；母猪产后少乳或无乳，或发生子宫炎、乳房炎等疾病；或仔猪患大肠杆菌病等糖吸收障碍性疾病，都会造成仔猪血糖下降，脑组织代谢供糖不足，影响脑组织发育而引发本病。

▶ 临床特征

病仔猪停止吮乳，四肢无力，肌肉震颤，步态不稳，皮肤发冷，黏膜苍白，心跳慢而弱，卧地不起，角弓反张，瞳孔散大，严重的昏迷不醒，很快死亡。血糖下降到 0.5 毫克 / 毫升以下。

▶ 病理变化

病仔猪消化道空虚，机体严重脱水。肝脏呈黄色、质地较脆。肾脏呈淡黄色，散在针尖大小出血点。肠道充血，肠系膜淋巴结呈淡黄色。

▶ 诊断要点

根据发病原因、临床症状、剖检变化，结合血糖检查，可以确诊。

▶ 防治

加强妊娠母猪的饲养和管理，保证产后充足的母乳供应。初生仔猪较弱时，寄养给其他母猪或人工哺乳，同时补充 10% 葡萄糖；发病仔猪立即补充 10% 葡萄糖 20~40 毫升，腹腔注射，3~4 小时再注射一次，可以取得较好的效果。

（七）猪亚硝酸盐中毒

猪亚硝酸盐中毒又称"烂白菜中毒""饱潲病"或"饱食瘟"，是由于猪饱食了储存、调制方法不当的菜类、青绿饲料后引起的一种急性中毒。临床上以腹痛、起卧不安、转圈、呕吐、口吐白沫、黏膜发绀为特征，短时间内造成猪大批死亡。

▶ 病因和发病机理

白菜、甜菜、甘蓝等青绿饲料含有多量的硝酸盐，当贮存方法不当，如长期堆置、雨淋、烈日暴晒、霉烂变质或者慢火焖煮、煮熟的青菜长久焖在锅内时，在适宜的温度和酸碱度条件下，由于微生物的作用，使得青绿饲料中大量的硝酸盐转化为剧毒的亚硝酸盐。亚硝酸盐是一种强氧化剂，经胃肠黏膜吸收进入血液后，能使原来的氧合血红蛋白转化为高铁血红蛋白而失去携氧能力，导致全身组织器官缺氧，呼吸中枢麻痹而死亡。

▶ 临床症状

猪群采食后突然发病，精神萎靡，呼吸困难，四肢无力，走路摇摆，转圈，口吐白沫，流涎，皮肤、耳尖、鼻盘苍白。可视黏膜发绀，呈紫色或紫褐色。针刺放出血液呈酱油色，凝固不良。体温低于正常，四肢和耳尖冰凉。随后四肢麻痹，神经紊乱，多在发病后 1~2 小时窒息而死。

▶ 病理变化

血液呈酱油色、凝固不良。胃肠黏膜呈现不同程度的出血、充血，肝、肾呈乌紫色。气管、支气管、肺充血，管腔内有红色泡沫状液体。严重病例，胃黏膜脱落或形成溃疡。

▶ 诊断要点

根据发病情况、发病原因、临床特征以及剖检特点，结合亚硝酸盐检验，可以确诊。

▶ 防治

改善饲养管理，青绿饲料应鲜喂，不要蒸煮。熟喂时应迅速煮熟，不要盖锅焖放。

发现猪亚硝酸盐中毒，应立即抢救，常用特效解毒药为美蓝和甲苯胺蓝，同时配合使用维生素 C 和高渗葡萄糖溶液。对于轻症者，需要安静休息，投服适量蛋清水或糖水。重症者对症治疗。严重溶血患猪，应剪耳或断尾尖放血。治疗药物见表 11-1。

表 11-1　猪亚硝酸盐中毒的治疗

治疗药物	用法和用量
美蓝	每千克体重 1～2 毫克，1％水溶液，静脉注射，必要时 2 小时后重复用药一次
甲苯胺蓝	每千克体重 5 毫克，5％水溶液，静脉注射
葡萄糖注射液	每千克体重 1～2 毫升，25％水溶液，静脉注射
维生素 C 注射液	每千克体重 10～20 毫克，静脉注射
吐根粉	1～3 克，内服，催吐

（八）猪氢氰酸中毒

猪氢氰酸中毒是指猪采食多量含有氰苷的植物或籽实而引起的一种中毒性疾病。临床上以呼吸困难、震颤、惊厥为主要特征。

病因和发病机理

高粱苗、玉米苗、亚麻饼、木薯、苦杏仁、海南刀豆等植物含氰苷较多，在氰苷水解酶的作用下，由无毒氰苷变成剧毒的氢氰酸，因而引起中毒。当氢氰酸进入猪体后，氰离子与血液中的三价铁结合，破坏了血液对氧的正常输送，引起机体缺氧，导致中枢麻痹而死亡。

临床特征

氢氰酸中毒发生快，病程短。猪采食含氰苷的饲料后，突然呼吸急促，张嘴伸颈，流涎，全身痉挛，四肢麻痹，有时出现腹痛不安，心跳急促，呼出气带有苦杏仁味。体温下降，四肢和耳部变冷，最后因心脏和呼吸麻痹而死亡。

病理变化

病死猪血液凝固不良，色泽鲜红，尸体不易腐败。

胃内充满气体，有特殊的苦杏仁味，胃肠黏膜出血。气管、支气管有大量泡沫状液体。

▶ 诊断要点

根据发病情况、临床症状、剖检变化，结合实验室毒物学检验，即可确诊。

▶ 预防

用含氰苷类的饲料喂猪时，一定要限量，并和其他饲料搭配使用。先将饲料放于流水中浸渍 24 小时，调制饲料时敞开器皿，加适当的醋，让氢氰酸在酸性环境下挥发。

▶ 治疗

中毒猪很快死亡，必须及早抢救。常用特效解毒药为亚硝酸钠和硫代硫酸钠。先用 3%亚硝酸钠溶液，每千克体重 10 毫克，静脉注射；随后静脉注射 5%~10%硫代硫酸钠溶液，每千克体重 2 毫升。必要时使用强心、输液等抢救措施。

（九）猪黄曲霉毒素中毒

猪黄曲霉毒素中毒主要是谷物和饲料中黄曲霉菌所产生的有毒代谢产物引起猪的一种中毒性疾病。临床上以全身出血、黄疸和肝脏坏死为主要特征。

▶ 病因和发病机理

谷物和饲料长期贮藏会产生多种霉菌，主要是黄曲霉和寄生曲霉，并产生多种霉菌毒素，进入猪体后，刺激消化道黏膜，导致出血和溃疡，对全身实质器官特别是肝脏，产生严重的危害，导致全身器官出血和中毒性肝炎。其中常见的是霉玉米中毒。

▶ 临床特征

猪采食霉变饲料后，精神萎靡，后躯无力，走路蹒珊。黏膜苍白，后期黄染。粪便干燥，表面附有血液。有时出现过度兴奋、间歇性震颤、角弓反张等神经症状。

病理变化

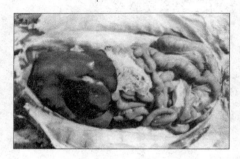

图 11-10　全身脂肪黄染

(陈怀涛.兽医病理学原色图谱.2008)

急性病例主要是贫血和出血。全身有不同程度的黄染（图 11-10），肝脏肿大，脂肪变性，呈红黄色，质地脆弱（图 11-11）；胃肠黏膜出血，散在出血斑点。慢性病例胃黏膜坏死，并形成大面积溃疡（图 11-12）；肠黏膜出血，坏死脱落。肝脏严重增生，出现肝硬变。

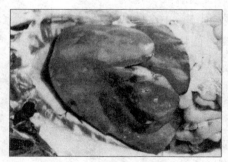

图 11-11　肝脏脂肪变性

(陈怀涛.兽医病理学原色图谱.2008)

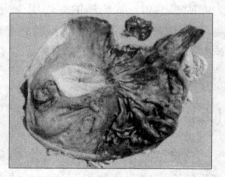

图 11-12　胃黏膜坏死和溃疡

(陈怀涛.兽医病理学原色图谱.2008)

诊断要点

根据发病情况、临床症状、剖检变化，结合实验室黄曲霉毒素检验，即可确诊。

治疗

目前尚无特效解毒剂，多使用对症疗法。立即停喂发霉饲料，饲喂营养全面、易于消化的饲料。内服盐类泻剂排毒，使用强心剂，同时补充葡萄糖生理盐水等。

> **预防**

禁止用发霉饲料喂猪。轻度发霉饲料，可经过浸泡、碱处理等方法去毒，但要限制饲喂量。严重发霉饲料要全部废弃。

（十）猪赤霉菌毒素中毒

猪赤霉菌毒素中毒又称玉米赤霉烯酮中毒，主要是小麦、玉米等谷物和饲料中赤霉病真菌毒素——玉米赤霉烯酮引起猪的一种中毒性疾病。临床上以母猪，尤其是 3~5 月龄母仔猪假发情为主要特征。

> **病因和发病机理**

镰刀菌的分生孢子感染小麦、玉米等谷物，谷物和饲料长期贮藏会产生多种霉菌毒素，主要是玉米赤霉烯酮，由于玉米赤霉烯酮是一种类雌激素物质，进入猪体后会导致猪生殖器官发生一系列形态和机能上的变化。

> **临床特征**

病猪出现发情、不育和流产，表现为小母猪阴户潮红、肿胀和水肿；严重中毒者可见阴唇哆开，阴道垂脱，子宫脱出或子宫直肠同时脱出。母猪不孕，或怀孕母猪胎儿干尸化，流产。

> **病理变化**

病猪外阴部充血、水肿，阴道黏膜肿胀、出血（图11-13）；排尿困难，不断努责，发生阴道垂脱，子宫脱出或子宫直肠同时脱出，子宫黏膜瘀血、水肿、坏死（图11-14），呈紫红色。

> **诊断要点**

根据发病情况、临床症状、剖检变化，结合实验室玉米赤霉烯酮检验，即可确诊。

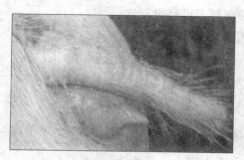

图 11-13 阴部充血、水肿
(陈怀涛.兽医病理学原色图谱.2008)

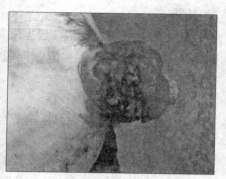

图 11-14 子宫脱出
(陈怀涛.兽医病理学原色图谱.2008)

> **治疗**

目前尚无特效疗法，多使用对症治疗。立即停喂发霉饲料，饲喂营养全面易于消化的饲料。灌肠、洗胃，内服盐类泻剂排毒，同时补充青绿饲料等。

> **预防**

发霉饲料禁止喂猪。轻度发霉饲料，可经过浸泡、碱处理等法去毒，但饲喂量要限制。严重发霉饲料要全部废弃。

（十一）猪铜中毒

猪铜中毒主要是铜摄入过多、钼缺乏或铜在肝脏等组织内大量蓄积引起猪的一种中毒性疾病。临床上以消化道溃疡和肝脏坏死为主要特征。

> **病因和发病机理**

铜是猪生长发育必需的微量元素，参与机体的正常代谢。铜盐具有腐蚀性，若由于内服超量、铜添加剂搅拌不匀、高铜地区饲养用水用料等过量摄入，刺激消化道黏膜，引起出血性坏死性炎症。血铜含量升高时，造成肝功能异常和肾衰竭。目前在生长猪的配合饲料中添加高铜的现象十分普遍，易引起中毒。

▶ **临床特征**

急性中毒表现为呕吐，大量流涎，腹泻，剧烈腹痛，粪中常有黏液，粪便呈深绿色，呼吸急迫，心跳加快，可在24~28小时内虚脱死亡。

慢性中毒表现为精神沉郁，食欲减退，呼吸急迫，消瘦，大便稀、黑、臭，黏膜苍白，黄疸，皮肤发痒，耳边缘发绀。

▶ **病理变化**

急性中毒时，主要表现为消化道黏膜糜烂和溃疡，胃内容物呈绿色。慢性中毒时，主要变化在肝、肾。表现为肝显著肿大、变性，质地较脆并黄染（图11-15），胆囊扩张，胆汁浓稠。肾肿大，包膜紧张，色泽深暗，常有出血点。脾肿大，质地脆弱，呈棕色至黑色（图11-16）。胃底黏膜充血、出血、溃疡（图11-17）。

▶ **诊断要点**

根据发病情况、临床症状、剖检变化，结合实验室饲料、组织器官和血液中铜含量检验，即可确诊。

▶ **治疗**

急性铜中毒时，使用依地酸钙和青霉胺有良好效果。

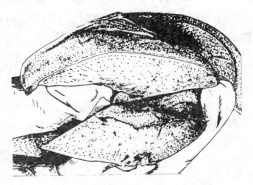

图11-15　铜中毒：肝肿大、变性，质地较脆

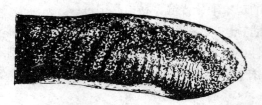

图 11-16 铜中毒：脾肿大，质地脆弱

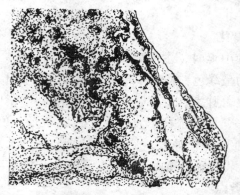

图 11-17 铜中毒：胃底黏膜出血、溃疡

也可灌服牛奶、稀粥，用以保护胃黏膜和减少铜的吸收。慢性铜中毒时，在饲料中添加钼盐，促进铜的排出。

▶ 预防

按营养需要在饲料中添加铜盐，不要过量添加，注意混合均匀；使用铜作为添加剂时，应在饲料中相应增加钼、锌等元素的水平。

参 考 文 献

陈怀涛，2008. 兽医病理学原色图谱[M]. 北京：中国农业出版社.

宁宜宝，2008. 兽用疫苗学[M]. 北京：中国农业出版社.

陈明勇，王宏辉，2008. 瘦肉型猪快速饲养与疾病防治 [M]. 北京：中国农业出版社.

王泽岩，赵建增，2008. 猪病鉴别诊断与防治原色图谱 [M]. 北京：金盾出版社.

江乐泽，鄢明华，2007. 猪传染性疾病鉴别诊断与防治技术[M]. 北京：中国农业出版社.

齐守军，2007. 畜禽传染病防控技术[M]. 北京：中国农业出版社.

甘孟候，杨汉春，2005. 中国猪病学[M]. 北京：中国农业出版社.

徐有生，2005. 瘦肉型猪饲养管理及疾病防治彩色图谱 [M]. 北京：中国农业出版社.

冯立，2005. 猪病鉴别诊断与防治[M]. 北京：金盾出版社.

史秋梅，吴建华，杨宗泽，2003. 猪病诊治大全[M]. 北京：中国农业出版社.

刘兴友，李文刚，2002. 简明猪病防治手册[M]. 北京：中国农业大学出版社.

杨小燕，2002. 现代猪病诊断与防治[M]. 北京：中国农业出版社.

陈焕春，2000. 规模化猪场疫病控制与净化[M]. 北京：中国农业出版社.

王连纯，2000. 养猪与猪病防治[M]. 北京：中国农业大学出版社.

高齐瑜，1999. 图说猪病防治[M]. 北京：中国农业出版社.

蔡宝祥，郑明球，1998. 猪常见疾病诊断与肉品检验图谱 [M]. 上海：上海科学技术出版社.